褐煤催化气化性能及机理研究

——以胜利褐煤为例

李娜 王云飞 刘全生 著

化学工业出版社

·北京·

内容简介

《褐煤催化气化性能及机理研究——以胜利褐煤为例》以胜利煤田的褐煤为研究对象，进行水蒸气气化反应性能及合成气组成的评价，综合表征分析获得胜利褐煤组成与结构等信息。详细探讨了煤热化过程中钙组分对胜利褐煤制高氢合成气的催化效应、钙组分的赋存状态与形态变化，解析了煤焦结构特征与催化结构体的形成过程，并利用模型化合物进行了对比验证，提出了胜利褐煤水蒸气气化反应过程中钙组分催化作用的可能机理模型。

本书研究结果可为催化气化工业化开发提供基础数据与技术支持，也可为其他煤种的催化气化研究提供理论支撑。

图书在版编目 (CIP)数据

褐煤催化气化性能及机理研究：以胜利褐煤为例/李娜，王云飞，刘全生著.—北京：化学工业出版社，2021.10
ISBN 978-7-122-39887-1

Ⅰ.①褐… Ⅱ.①李… ②王… ③刘… Ⅲ.①褐煤-煤气化-研究 Ⅳ.①TQ54

中国版本图书馆 CIP 数据核字（2021）第 195392 号

责任编辑：王海燕　张双进
责任校对：赵懿桐
装帧设计：关　飞

出版发行：化学工业出版社（北京市东城区青年湖南街 13 号　邮政编码 100011）
印　　装：北京建宏印刷有限公司
889mm×1194mm　1/32　印张 6½　字数 160 千字
2022 年 11 月北京第 1 版第 1 次印刷

购书咨询：010-64518888
售后服务：010-64518899
网　　址：http://www.cip.com.cn

凡购买本书，如有缺损质量问题，本社销售中心负责调换。

定　　价：68.00 元

作者简介

李娜

女，1987 年 2 月，汉族，内蒙古赤峰人，博士，讲师，硕士生导师。毕业于内蒙古工业大学，现就职于内蒙古工业大学化工学院，内蒙古"321 人才工程"第三层次人选。研究方向：（1）煤炭高效清洁利用；（2）低阶煤催化气化制备高氢合成气；（3）煤基功能材料开发与利用；（4）重质碳资源电催化氧化；（5）XPS 测试与应用开发。

王云飞

男，1983 年 11 月，汉族，内蒙古呼和浩特托县人，博士，副教授，硕士生导师。毕业于内蒙古工业大学，现就职于鄂尔多斯应用技术学院化学工程系，化工教研室主任。研究方向：（1）低阶煤清洁高效利用；（2）沸石分子筛和相关孔材料的合成、吸附和催化性能。

刘全生

男，1966 年 5 月，汉族，内蒙古锡林浩特人，博士，教授，博士生导师。毕业于中国科学院山西煤炭化学研究所，现就职于内蒙古工业大学化工学院，自治区重点实验室主任，自治区创新团队带头人，草原英才，内蒙古"321 人才工程"第一层次人选。研究方向：（1）低阶煤的物理结构和化学特性研究；（2）煤炭化学转化催化剂结构导向设计与控制合成；（3）低阶煤提质改性过程的工程基础研究；（4）煤转化过程中化学反应动力学与变化行为；（5）煤转化工艺过程的强化与开发；（6）煤化副产物的深加工。

前　言

催化气化技术已有将近 100 年的研究历史，一些催化技术也已进入工业化示范阶段。相比于传统的煤气化技术，催化气化可降低气化反应温度，提高反应速率，改善反应气体产物的组成，定向产生目标气体产物。

内蒙古地区褐煤储量丰富，具有热值低、灰分高、挥发分高、热稳定性差等特点，因此褐煤作为能源物质直接利用存在效率低、污染大等缺点。但褐煤结构中富含链烷烃与含氧结构等活性组分，使得褐煤具有较高的化学反应性，因而褐煤可作为较好的气化原料被用来制备合成气，这也成为褐煤高效利用的方式之一。褐煤中除有机质外，还含有多种矿物质成分，研究金属组分对褐煤水蒸气气化的催化作用，揭示其催化机理，对褐煤的高效利用具有重要的理论意义和实用价值。

本书以全国最大整装煤田——胜利煤田的褐煤为研究对象，进行水蒸气气化反应性能及合成气组成的评价，综合表征分析获得胜利褐煤组成与结构等信息。在研究固有矿物质催化胜利褐煤水蒸气气化反应关键因素的基础上，详细探讨钙组分对胜利褐煤制高氢合成气催化效应，解析煤焦结构特征与催化结构体的形成过程，并利用模型化合物进行了对比验证，提出胜利褐煤水蒸气气化反应过程中钙组分催化作用可能的机理模型。

本书由李娜、王云飞、刘全生著。李娜编写第 2 章、第 5 章共计

5. 2万字，王云飞编写第 1 章、第 3 章、第 4 章、第 6 章共计 10. 4 万字，刘全生编写第 7 章共计 0. 4 万字。全书由李娜统稿。

本书作者致力于褐煤催化气化研究十余年，曾圆满完成多项国家级及省部级项目，以第一作者或通讯作者身份在 *Fuel*、*Energy & Fuels*、*International Journal of Hydrogen Energy*、燃料化学学报、煤炭学报、化工学报等能源领域国内外知名期刊发表论文 40 余篇，多次在国内能源会议进行相关研究内容的口头报告，在行业内具有一定知名度。

本书能够圆满完成编著，要特别感谢鄂尔多斯市科技计划项目应用技术研究与开发项目（2019501）、内蒙古科技计划项目以及国家自然科学基金（21868021， 21556029)支持，同时感谢内蒙古工业大学何润霞、智科端、滕英跃、周华从、宋银敏老师的大力支持。

作者
2021 年 9 月

目 录

第 3 章　胜利褐煤催化气化性能研究　/　055

第 7 章　褐煤催化气化结论与展望　/　187

第1章

褐煤催化气化研究进展

能源作为人类赖以生存和发展的重要物质基础，不仅仅关系到国计民生，更是国家安全的重要保障。目前，由于现代化和工业化进程的加快，我国的能源需求量和消费量也不断增加。长期以来，化石能源（煤、石油和天然气）在一次能源消费中占据着极其重要的位置。我国相对富煤、贫油、少气的资源禀赋特点，也决定了我国要想顺利度过以高耗能为特征的工业化阶段，就必须以煤炭为主要一次能源。然而，我国当前煤炭储采比为 31 年，仅为全世界煤炭储采比均值的 27％。不仅如此，煤炭资源在大规模开发利用中普遍存在能耗高、利用率低、环境污染严重等问题，在保持经济高速增长的同时也付出了较大的代价。所以，为实现建设资源节约型、环境友好型的可持续发展社会，必须立足我国化石能源资源赋存特点，全面提升煤炭资源开发转化和利用效率，建立煤炭资源高效开发与洁净利用体系，着力推动煤炭产业向"市场主导型、清洁低碳型、集约高效型、延伸循环型、生态环保型、安全保障型"转变。

1.1　褐煤催化气化研究目的与意义

2020 年，我国煤炭消费量占能源消费总量的 56.8％，天然气、水电、核电、风电等清洁能源消费量占能源消费总量的 24.3％。从近年能源消费结构数据看，煤炭消费占比呈下降趋势，2018 年跌入 60％以下，但短期内仍是我国主要的能源来源。但由于我国能源"富煤、贫油、少气"的鲜明特点，预计到 2050 年煤仍然要占中国能源消费的 40％以上，因而较长时间以煤炭为主要能源的现状无法改变，即中国能源消费结构中煤炭依然占主导地位。2020 年煤炭消费结构中电力与钢铁行业消费量占 70.5％，说明我国煤炭资源依然以直接燃烧供能为主，这种利用方式仅仅利用了煤炭的能源价值，未能兼顾其资源价值。

内蒙古自治区（简称内蒙古）褐煤储量丰富，煤炭探明储量约在 8000 亿吨，占全国总煤炭储量的 27%，仅次于新疆，居中国煤炭资源第二的位置（图 1-1）。据国家统计局数据，2020 年，全国规模以上原煤产量完成 38.4 亿吨，同比增长 0.9%，增速较上年（4.2%）回落 3.3 个百分点；山西和内蒙古产量分别为 10.63 亿吨和 10.01 亿吨，同比分别增加 8.2% 和减少 7.8%，两省区产量占全国的 53.7%，山西与内蒙古仍然是全国煤炭产量的主要省区。虽然内蒙古的煤炭储量超过山西，但优质煤产量远远低于山西，其主要原因是内蒙古约 8000 亿吨的煤炭储量中，褐煤超过 3000 亿吨，约占内蒙古煤炭资源总储量的 37%，同时也为我国褐煤总储量的 80% 以上，主要集中分布在内蒙古东部地区，此地总量在 2600 亿吨以上。

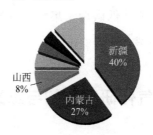

图 1-1　中国已探明煤炭储量分布

由于褐煤等低阶煤挥发分、水分及灰分高，直接燃烧或气化效率低、污染物和碳排放量大。2014 年 9 月，国家发布的《商品煤质量管理暂行办法》中明确规定作为商品的低阶煤灰分不大于 40%，硫分不大于 3.0%；其中褐煤灰分不大于 30%，硫分不大于 1.5%。但随着我国高变质程度煤种赋存数量日益减少，低阶煤资源的优化利用显得越来越重要。

内蒙古褐煤含水量高（30%～50%）、挥发分与反应性高、热稳定性差、易风化和自燃，致使其难于储存与远途运输，同时由于煤化程度、固定碳含量及发热量低（2500～3500kcal/kg，1kcal＝4.186kJ）导致其发电效率低，因此极大地限制了褐煤作为大宗能源的广泛利用。现阶段，95％以上褐煤仍以燃料消耗为主，其低效率、高污染所带来的一系列问题，是其在大规模开发利用过程中一直饱受诟病及限制的主要原因。因此急需开发出褐煤清洁高效利用的新途径，实现褐煤的优化利用，以降低其所造成的环境压力。其中，在利用褐煤能源价值的同时，尽可能利用其固有特性所造成稳定性差、反应性活性高的特点，将其作为化工原料使用，既是褐煤清洁高效利用的有效途径，也是实现褐煤资源高碳能源低碳化利用的主要方式。

内蒙古褐煤的诸多特点限制其作为能源燃料的利用价值，与烟煤、无烟煤相比在燃烧产能方面更是没有任何优势。但也正是因褐煤热稳定性差，高挥发分、低芳香度、富氧等特殊组成结构使其具有很高的热反应性，是气化制合成气的优良原料，非常适用于气化制合成气后通过化学合成生产多种精细化学品（图1-2），可大幅度提高褐煤的经济价值以及资源利用价值[1]。充分研究褐煤结构特性，并解析内蒙古褐煤气化反应机理，是降低气化温

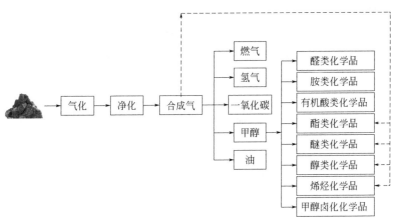

图 1-2 煤基合成气生产化学品

度、减少能量损耗和提高反应速率，制备高氢合成气，解决工业化生产过程的放大与优化控制的关键及基础。因此从褐煤固有结构特性出发，对其气化过程深入解析，揭示其反应机理，确定其产物生成及分布规律，对工业生产具有重要的理论意义和应用价值。

氢气热值达 42.6MJ/kg，是最有价值的理想清洁能源。高氢合成气在化工产业里可生产精细化学品，也被应用于微波等离子体、涡轮等设备的供能。

在典型水蒸气气化反应煤炭进料组成下，如果反应温度高于850℃，则由于变换反应式（1-2）热力学平衡的限制，气化总反应式（1-3）所生成合成气中的氢含量很难高于50%，同时 CO 的含量也很难低于20%，这也是大多数煤制氢中后续需要进行高温变换反应的主要原因。煤气化产氢主要来自式（1-1）碳与水蒸气的直接反应以及式（1-2）水煤气变换反应。碳直接气化反应为吸热反应，水煤气变换反应为放热反应，温度越高越不利于变换反应进行。H_2/CO 比值越高，变换反应工段的负荷越低。因此从热力学角度而言，气化反应温区越高越不利于产氢，且会增加 CO 的生成。

$$C+H_2O \longrightarrow CO+H_2 \qquad \Delta H=118.9kJ/mol \qquad (1-1)$$

$$CO+H_2O \longrightarrow CO_2+H_2 \qquad \Delta H=-45.2kJ/mol \qquad (1-2)$$

$$C+(1+\xi)H_2O \longrightarrow (1-\xi)CO+\xi CO_2+(1+\xi)H_2 \qquad (1-3)$$

热力学计算表明，在高于1000℃温度下煤气化反应，其碳转化率大约为99%，但合成气除 H_2 外，其 CO 含量一般要超过20%，以至接近或超过30%[2]，这也是以碳质原料制氢工序中设置变换工序的主因，随气化反应所产合成气中 CO 浓度的增加，变换工序的负荷压力也随之增大。Duan 等人利用 Gibbs 自由能最小理论进行热力学分析，发现粉煤水蒸气气化反应的气化温度高于775℃时，不利于产氢量的提高[3]。因此对于碳质原料的水蒸气气化反应，在保证反应速度的条件下，反应温度越低越有利于变换反应，即提高了 H_2 含量，降低了 CO 含量。

气化温度太低则会降低反应速率、延长反应（接触）时间，因而需要优化反应条件，并利用催化剂等方法兼顾气化反应速率及制氢过程的热力学限制问题。煤炭的气化反应速率主要决定于其固有组成结构特性，气化反应的关键控制因素为其固体组成结构的反应性。褐煤组成结构特性造成其热稳定性差、反应性高，使其在较低温度（＜700℃）下就有较高的水蒸气气化反应速率。胜利褐煤在气化温度为 650℃ 即达到最大反应速率，合成气中氢的比例可高达 70％ 以上，因此胜利褐煤等低阶煤可成为制备高氢合成气的优质原料，同时也提高了褐煤的经济价值。

1.2　褐煤结构特点与反应性

1.2.1　褐煤组成与结构

相对于高阶煤，褐煤由于其固有的结构特性，在气化直接制高氢合成气时呈现出更多的优势。褐煤的结构比高阶煤种复杂，不同地区的褐煤既有相似之处又有其独特的结构，几十年来，学者们对褐煤结构进行了不懈的探索。

采用[13]C NMR 固体核磁技术，钱琳等[4]对内蒙古元宝山及白音华褐煤进行分析及定量计算，研究结果表明，元宝山褐煤团簇中平均碳原子数为 16.21，其芳碳原子数为 9.24，脂碳原子数为 6.97，芳环数为 1.81；白音华褐煤团簇中平均碳原子数为 17.14，其中芳碳原子数为 9.43，脂碳原子数为 7.71，芳环数为 1.86。两种褐煤中的芳香环均主要以链式及环状桥键链接，仅是团簇中直链桥键、环状桥键及侧支链有所不同。先锋褐煤中芳香结构单元（简称构元）主要为苯环结构，连接芳香环之间的桥键主要为—CH_2—和—$(CH_2)_2$—，同时一些脂肪族和羰基、羧基镶嵌在这些结构之中。小龙潭褐煤连接芳香环之间的桥键主要为—CH_2—和—$(CH_2)_2$—，而—$(CH_2)_n$—（$n=3\sim7$）桥键所占比例很少。神府长焰煤富含缩合长链烷烃与芳香烃。Lv 等[5]发现内蒙古褐煤桥键含量比例大，且主要芳香环连接桥键结构是—$(CH_2)_2$—和—$(CH_2)_3$—，所含有的芳香构元主要为单环，以联苯或苯基萘结构为主的多环芳香构元所占比例很小。Liu 等[6]发现内蒙古锡林郭勒胜利褐煤富含缩合芳烃、羟基、甲氧基和取代苯环等基团，其芳香构元以单环结构为主且其间主要以—$(CH_2)_2$—桥键结构连接。神华低阶煤芳香构元间平均距离尺寸较大，芳环缩合程度较低，主要以含有 2～4 个苯环的共轭结构为主，同时含有较多的烷基桥结构，以较长的—$(CH_2)_n$—键为主，连接芳环的烷基桥链的碳数范围为 $C_4\sim C_{27}$，烷基侧链碳数范围为 $C_3\sim C_{32}$。神华低阶煤含有羟基（—OH）、羰基（C=O）、甲氧基（—OCH_3）和醚键（—O—）等形式的含氧官能团[7]。

褐煤虽然在挥发分、固定碳与发热量上有统一的认定指标，但不同地区的褐煤在结构上还是存在差异。对不同地区褐煤结构研究表明，其结构极其复杂（多样性、结构多尺度及各向异性），精细准确的结构尚不是完全清晰。但目前达成了比较一致的观点，认为褐煤有机质以大分子结构为主体，带有各种侧链（羧基、羰基、醚键和羟基等官能团结构）的缩合芳环结构单元以次甲基、次乙基、醚键等桥键相连组成的一种立体网状体，其中代表性模型如图 1-3 所示[8]。

因反应性与胜利褐煤的有机结构息息相关，作者所在课题组也一直致力于这方面的研究[9,10]，结合其他学者的相关报道[6,11]，提出胜利褐煤立体网状交织结构模型（图 1-4），将胜利褐煤大体分为三种结构形式：短程有序的空间微晶结构，定义为"碳微

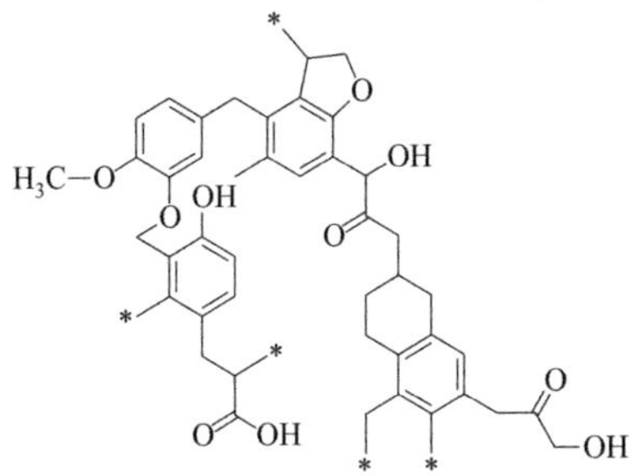

(a)

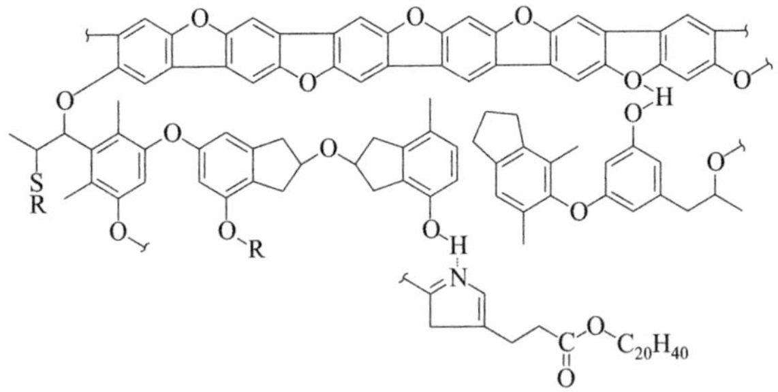

(b)

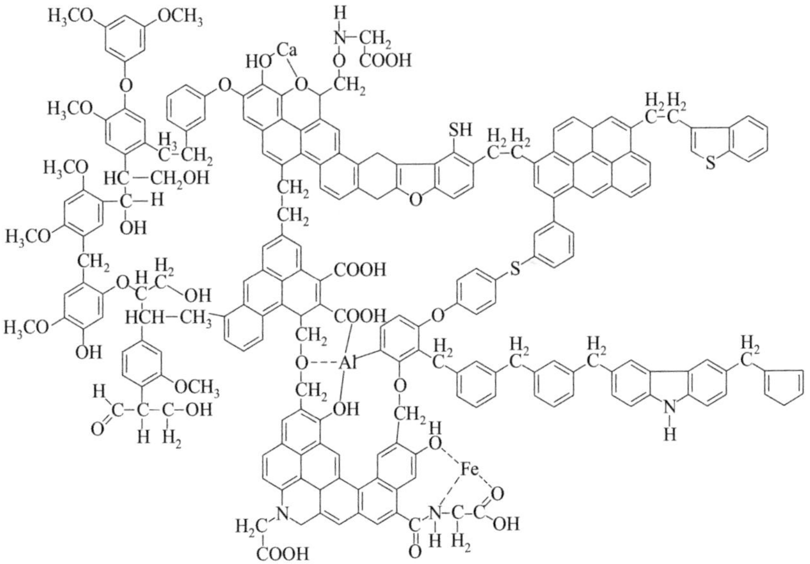

(c)

图 1-3

(d)

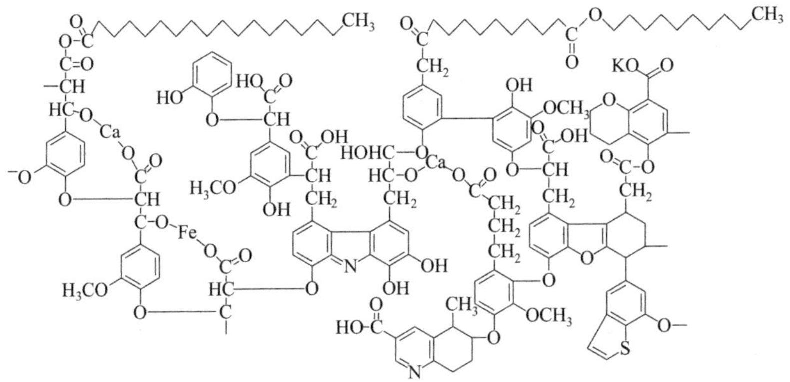

(e)

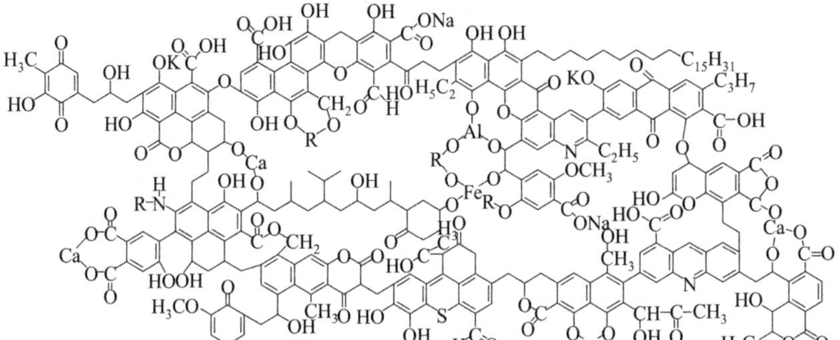

(f)

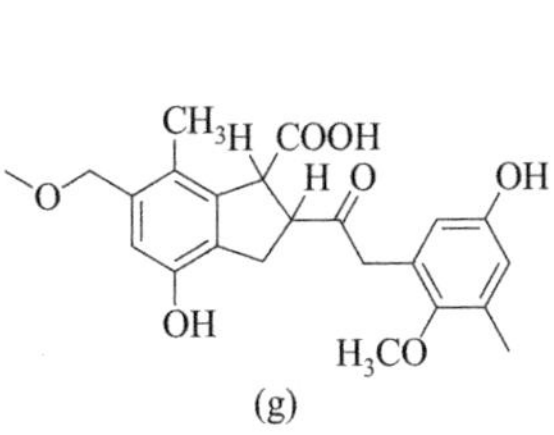

(g)

图 1-3

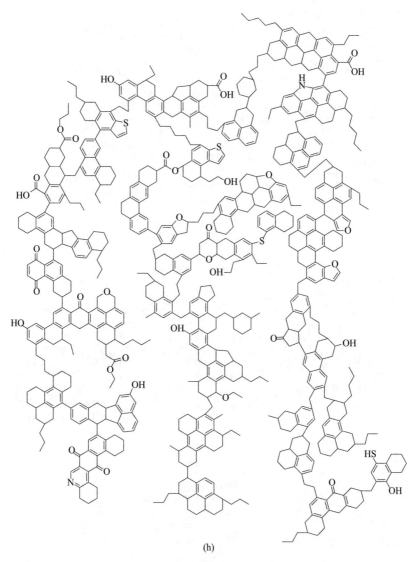

(h)

图 1-3 褐煤结构模型

褐煤催化气化性能及机理研究——以胜利褐煤为例

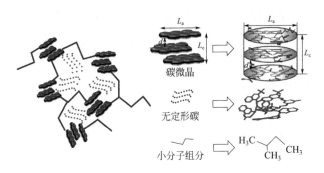

图 1-4　胜利褐煤结构模型

L_a—晶面尺寸；d—晶面间距；L_c—堆垛高度

晶"，这部分物质以芳香组分为主体，在煤中结构更紧密，反应性更稳定；含有杂原子（O、N、S等）和不饱和环烷烃的"无定形碳"；链接无定形碳及碳微晶的桥键以及游离的小分子脂肪侧链等易挥发"小分子组分"。此模型反映了胜利褐煤宏观的基本结构特征，用于研究其热化学反应过程的化学反应。

　　胜利褐煤与其他褐煤一样，组成与结构都相对复杂，决定气化反应控制步骤的煤焦结构也一样复杂。反应条件的改变与催化剂的添加，对煤焦结构都会造成不同的影响。课题组前期工作更多的是通过多种表征手段以及反应条件变化来解析金属组分对煤焦碳结构的影响，以解释胜利褐煤水蒸气气化反应制合成气中气体产物分布规律的原因。

1.2.2　褐煤结构演变与水蒸气气化反应性能的研究

　　在气化反应过程中，煤炭从室温以很快的速度升温到800℃以上。整个气化反应过程一直耦合着煤本体的热解。褐煤水蒸气气化制合成气的过程与气化前段所形成的热解煤焦主体结构有着密不可分的联系，许多学者也将煤焦的特性与气化反应性相关联。Jiang[12]等通过等温水蒸气气化性能的对比，发现在500℃热处理得到的煤焦样品气化反应性要高于在 900℃ 处理的样品，其原因可能是在高温下处理得到的煤焦其碳结构更为有序。在有水蒸气的热解气氛（$O_2＋H_2O＋CO_2$）下利用傅里叶变换拉曼光谱（FT-Raman）联用技术，水蒸气在热解过程中使得煤焦结构中大于 6 个芳香环的结构减少，在有金属掺杂的情况下这种现象更为明显，水气化性能也得到显著的提高。

煤焦的结构与气化反应性之间的关联呈一定的规律：煤焦中"无序化与无定形碳"含量越高，芳环稠和度越低，越有利于水蒸气气化反应的进行。较之芳香度及石墨化程度较高的烟煤与无烟煤，褐煤丰富的含氧组分及脂肪结构等（图 1-3）特性使其具有更高的反应性，是决定其更适宜水蒸气气化直接制高氢合成气的关键。

在建立了褐煤宏观模型的基础上结合实验结果可以初步定义褐煤在水蒸气气化的反应过程，如图 1-5 所示。温度低于 500℃时以热解反应为主，随着温度升高，褐煤中"小分子组分"在这个温区发生裂解反应以气相产物的方式离开煤主体结构；而"无定形碳"部分被分解为一些芳烃类碎片，在热变化过程中互相反应生成新的结构体与碳微晶组分交互形成更为稳定的煤焦。当温度高于 500℃，在水蒸气气氛下开始气化反应，得到合成气。因而在气化过程中形成的煤焦是胜利褐煤水蒸气气化反应的主体，

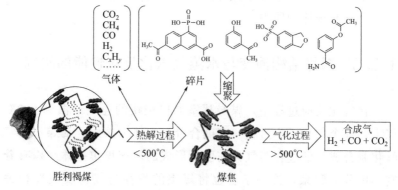

图 1-5　褐煤水蒸气气化反应过程

其结构与形态决定了水蒸气气化制高氢合成气的反应进程。

　　褐煤水蒸气气化过程与其所形成煤焦结构密不可分。2000年以前，由于表征技术发展和普及的限制，煤焦微结构表征技术只有傅里叶变换红外光谱（FT-IR）、X射线衍射（XRD）、高分辨透射电镜（HRTEM）和扫描电子显微镜（SEM）等几种，只能确定煤焦官能团结构、石墨化（晶化）程度和芳香度及形貌等[13]，所获得的关于煤焦键合结构信息较少，加上煤焦结构理论的局限，关于煤焦中键合结构等对反应性起决定性作用的特征的研究进展缓慢。进入21世纪后，由于XRD、X射线光电子能谱（XPS）、核磁共振层析术（^{13}C NMR）、电子能量损失谱（EELS）和X射线吸收近边结构（NEXAFS/XANES）等原位表征技术的迅速发展与普及，同时煤焦结构理论也有了很大发展，在原有FT-IR、XRD、HRTEM和SEM表征技术的基础上，可对煤焦产物织构进行更详细的研究，更可将煤焦的反应性与其主体结构及其在反应过程中的结构变化相关联，极大地推进了煤催化气化反应机理的研究。Li等[14,15]综合利用FT-IR、XRD、HRTEM、SEM、XPS、^{13}C NMR、EELS和NEXAFS/XANES等多种表征技术，系统研究了澳大利亚维多利亚州低灰分褐煤中碱金属及碱土金属成分对其热化学反应的影响，发现所含的Na^+、K^+、Ca^{2+}等成分对其热解、燃烧和气化等热化学反应具备显著的催化作用，其中以K^+、Ca^{2+}的作用尤为显著，金属组分的存在，引起反应过程煤焦结构和主要C—O之间键合形式发生了较大的变化。

　　虽然在煤的结构解析上，经过学者们的不断努力以及现代表征技术的发展，褐煤的结构片段以及键合结构已经有了初步的模型。但褐煤作为反应底物来说，其结构相对复杂，并且在热化学反应过程中的变化更难追踪和解析，煤模型化合物可以在一定程度上代表煤的某一方面的主体特征，是研究煤反应机理的有效途径之一。

煤模型化合物（图 1-6）可用来研究煤中氧、硫等杂原子在煤热化学反应过程中的迁移规律。褐煤大分子结构中的部分组成可用模型化合物代表，利用相对简单的分子模型可以部分地解释在复杂的结构中个别键合结构的变化历程，以此解析煤中这部分相似物质在反应过程中的变化规律。一部分学者[16,17]利用模型化合物对煤在热解过程中复杂的结构变化与气体产物的生成过程进行模拟与分析，得到了较好的研究成果。Xu 等[17]人利用 5 种不同硫形态的模型化合物模拟煤在热解过程中硫化物的生产规律，认为含氧硫化物的生成同时与 CO 与 CO_2 的生成规律有关。Arenillas 等[18]利用含氧多环芳香化合物很好地解释了在热解过程中气相产物的生成规律与固相中含氧官能团变化之间的关系。煤炭在气化反应过程中结构的变化直接影响气化反应性，综合表征结果可以推测反应机理，利用合适的模型化合物则能更好地解析煤结构中局部改变对反应过程的影响。水蒸气气化的主反应温区一般在 700℃以上，传统模型化合物一般为简单小分子物质，这些苯、萘、蒽衍生物的熔点、沸点都低于 500℃，因而不能作为模型化合物来模拟水蒸气气化过程。结构简单且能稳定存在于高温反应中的模型化合物在过往的研究中还未有提及。

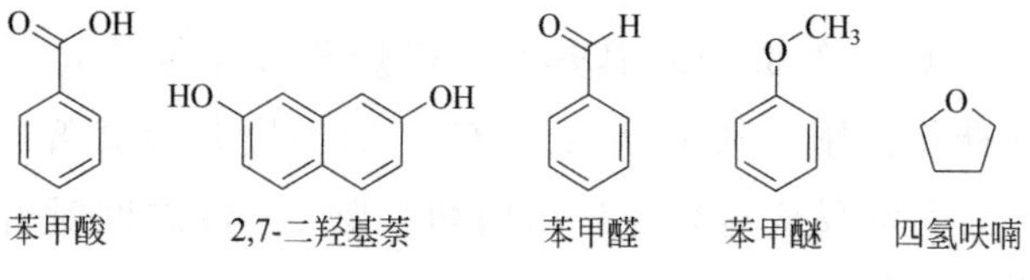

苯甲酸   2,7-二羟基萘   苯甲醛   苯甲醚   四氢呋喃

图 1-6　煤模型化合物

为了选用合适的模型化合物，需要对整个水蒸气气化反应过程中褐煤的结构变化进行研究。在水蒸气气化历程中，气化反应前期为结焦过程，那么褐煤中有序"碳微晶"组分因其相对稳定的结构形态成为了气化反应的控制步骤，而这部分有序碳微晶经

过研究表明其石墨化程度较高。已有研究也证实，在热解过程中煤结构从无序碳结构向有序晶型转化[19,20]。当炼焦温度达到2200℃，其形貌趋近于石墨的层状结构[21]。Ye 等[22] 利用煤作为原料，通过在惰性气氛下高温热解，得到了石墨烯量子点。说明在煤中某部分稳定的结构与石墨结构相似，由图 1-3 所示的褐煤研究结构图中以及对胜利褐煤组成分析，胜利褐煤中含有大量含氧官能团，这部分组成对煤的反应性也起到重要的作用。在石墨结构中存在含氧官能团，可以通过化学法制备得到氧化石墨（图 1-7），氧化石墨片层结构中局部含氧官能团结构[23] 与胜利

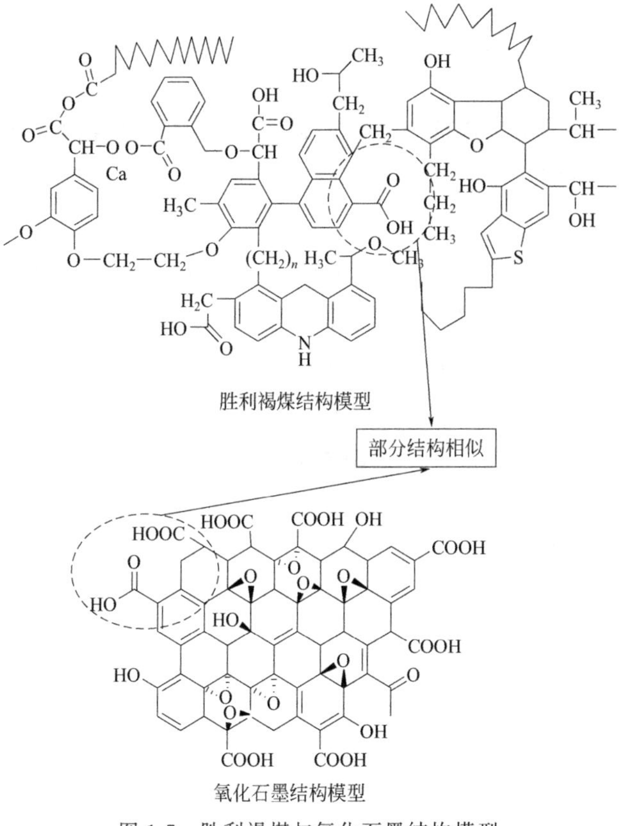

胜利褐煤结构模型

部分结构相似

氧化石墨结构模型

图 1-7　胜利褐煤与氧化石墨结构模型

褐煤研究得到的局部含氧结构[6] 是有相似性的。石墨及氧化石墨都是非常稳定的碳结构体，且结构较之胜利褐煤简单，用相对稳定又局部有相似性的石墨与氧化石墨作为褐煤的模型化合物在理论上是可行的。因此本书首次提出了以石墨与氧化石墨作为胜利褐煤水蒸气气化反应过程中的模型化合物。

1.3 褐煤气化技术简介

1.3.1 煤气化基本原理

煤气化是指以煤或煤焦为原料，在特定的设备内，在一定温度及压力下使煤或煤焦中有机质与气化剂（如水蒸气、空气或氧气等）发生一系列化学反应，将煤中碳、氢、氧组分转化为 CO、H_2、CO_2 和 CH_4 等合成气（syngas）的过程[24]。煤的气化过程可以提高煤炭利用率，并可较容易地将煤中的硫化物、氮化物脱除，即实现煤的清洁转化，提供优质高效能源及碳一化学产品。煤制气的技术开发主要集中于把煤炭资源转化成适用于其他工业的低热值煤气，以及易于远距离运输的、可以用来代替天然气的中高热值煤气[25]，如图 1-8 所示。目前的煤气化工艺在下列生产过程中发挥着承上启下的作用：

① 提供城市煤气以及管道煤气；

② 为冶金工业提供还原气；

③ 为化工合成提供原料气；

④ 为整体煤气化联合循环发电技术（integrated gasification combined cycle，IGCC）提供洁净煤气；

⑤ 为钢铁、建筑和机械等工业提供部分燃料气；

⑥ 提供部分产业所需的氢气，例如煤炭液化、燃料电池等。

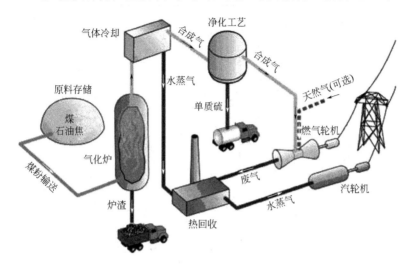

图 1-8　以煤气化为基础的能源转化

由此可见，煤气化技术充分提高了煤炭资源的综合利用效率，预计煤炭气化技术在未来将具有非常广阔的应用前景。

由于煤中所含元素种类较多（主要有碳、氢、氧、氮、磷和硫等元素），分子结构非常复杂。因此，许多学者[26,27]都以煤中主体碳（C）来代表气化过程中的煤炭，主要是因为煤在气化过程中伴随着热解的发生，且热解后煤炭中的碳含量基本能达到80％以上。这样煤气化反应主要是煤中主要成分碳与气化剂（如水蒸气、氧气、二氧化碳和氢气等）间的反应[28]，大体可分以下两种类型：

（1）非均相的气-固反应　固相是煤中含有的碳，气相既包括气化剂，也包括气化过程的反应产物。

（2）均相的气化反应　此时的反应物既可能是气化剂，也可能是反应产物。具体的气化过程所涉及的反应及对应的反应热列于表 1-1 中。

表 1-1　煤气化过程中的基本反应及其反应热

反应类型	反应举例	ΔH（298K，0.1MPa）/kJ·mol^{-1}
非均相气化反应（气-固）		
R$_1$ 部分燃烧反应	$2C+O_2 = 2CO$	$\Delta H = -221$
R$_2$ 完全燃烧反应	$C+O_2 = CO_2$	$\Delta H = -109$
R$_3$ 碳和水蒸气反应	$C+H_2O = CO+H_2$	$\Delta H = 118.9$
R$_4$ Boundouard 反应	$C+CO_2 = 2CO$	$\Delta H = 162.7$
R$_5$ 加氢反应	$C+2H_2 = CH_4$	$\Delta H = -87$
均相气化反应（气-气）		
R$_6$ 燃烧反应	$2H_2+O_2 = 2H_2O$	$\Delta H = -484$
R$_7$ 燃烧反应	$2CO+O_2 = 2CO_2$	$\Delta H = -566$
R$_8$ 水煤气变换反应	$CO+H_2O = CO_2+H_2$	$\Delta H = -45.2$
R$_9$ 甲烷化反应	$CO+3H_2 = CH_4+H_2O$	$\Delta H = -206.4$

煤的气化反应属于典型的气-固相反应，反应物通常经历以下七个步骤[29]：

① 外扩散：反应气体从气相扩散到煤颗粒的外表面；

② 内扩散：反应气体从煤颗粒外表面的孔道进入内部孔道的内表面；

③ 表面反应：反应气体吸附在煤颗粒的表面上，并形成中间产物和气体产物；

④ 表面反应：吸附的中间产物与碳原子发生反应，形成气体产物与活性中心；

⑤ 表面反应：吸附态的气体产物从煤颗粒表面脱附；

⑥ 内扩散：气体产物从煤颗粒的内部孔道中扩散到煤颗粒外表面；

⑦ 外扩散：气体产物从煤颗粒表面扩散到气体主体中。

步骤①和⑦为外扩散过程，步骤②和⑥为内扩散过程，步骤③、④和⑤为吸附、表面反应和脱附过程，由于吸附和脱附过程都涉及化学键的改变，因此这三个步骤均属于化学反应过程，称为化学动力学过程或者表面过程。由于各步骤的阻力不同，气化反应过程的总速率可能由化学反应过程控制，或者内扩散过程控制，抑或是外扩散过程控制。

可以根据温度的不同把煤焦的气化反应过程分为三个区域和两个过渡区域。第一个区域：低温区（化学反应控制）；第二个区域：中温区（表面反应和内扩散控制）；第三个区域：高温区（外扩散控制）；在区域一和区域二之间存在一个过渡区域；在区域二和区域三之间也存在一个过渡区域，当反应在过渡区时要同时考虑两类控制速率的影响。

1.3.2 煤气化技术的分类

经过200多年的发展，各国开发商相继开发了诸多煤气化工艺，由于煤气化工艺比较复杂，所以就需要根据煤自身性质和对产物气体组分的要求开发研究合适的气化方法及气化炉。按煤在气化炉内的流体力学行为方式分类，煤气化工艺可划分为四类，即固定床气化、流化床气化、气流床气化和熔融床气化，如表1-2所示：

表1-2 煤气化的主要工艺

名称	接触方式	优点	缺点
固定床气化	气化剂由气化炉底部加入，煤焦或块煤从气化炉顶部加入，生成的气体由上部排出，煤料与气化剂逆流接触	煤块呈堆积状态，床层空隙小，床层外侧温度比内部温度低，系统散热较小，出口气体温度较低，热量损失小，热量利用率高，生成的气体热值较高。气体返混小，气化过程进行比较完全	反应温度和气化反应速率较低，原料进口与气体出口接近，容易导致出口气体中含有大量的焦油，使后续气体净化过程负担加重

名称	接触方式	优点	缺点
流动床气化	气化剂自下而上通过流化床,粒度小于10mm的小颗粒在气化炉内悬浮分散在垂直上升的气流中,煤粒在沸腾状态下气化	有效接触面积大,两相之间的传热和传质速率大,温度分布均匀,易于控制。生产强度大,适用于大部分的煤	流化床放大效应显著,难以将装置大型化,并且单位装置的处理量有限
气流床气化	属于并流式气化。根据进料状态不同分为干煤粉气化和水煤浆气化。干煤粉气化是用粒度在100μm以下的煤粉由气化剂夹带进入气化炉;水煤浆气化是先将煤粉制成水煤浆,然后再用泵送入气化炉	可实现高压操作,这为装置的大型化提供了条件。气流床混合剧烈,化学反应速率高,物料在系统内停留时间短,可实现大量处理	容易出现有部分煤颗粒来不及反应即已离开系统,形成物料短路,从而限制了碳转化率的提高
熔融床气化	煤粉与气化剂以切线方向高速喷入温度较高且高度稳定的熔池内,使池内熔融物做螺旋状的旋转运动并气化。气液固三相充分接触	处理能力大,气化压力高、气化温度高、碳转化率高、生成的合成气不含焦油,后处理系统简单	熔渣析铁和熔盐再生的问题难以解决

按煤在气化炉内的燃烧温度,还可以分为高温气化、中温气化和低温气化(表1-3)。

表1-3 煤气化的主要反应温区

名称	温区	气化技术
高温气化	>1400℃	Texaco,Shell,MHI和TPRL
中温气化	900~1400℃	GE,E-Gas,OMB和Lurgi
低温气化	<900℃	目前还停留在实验阶段,还没有比较完善的商业气化技术

1.4 金属组分催化气化研究进展

1.4.1 固有矿物质对煤催化气化的影响

　　褐煤中除了有机质外，一般还含有 $10\%\sim30\%$ 的无机矿物质，固有矿物一部分以原生无机盐形式分散在煤颗粒表面，这部分无机盐以非可溶性自然矿物结构存在，如高岭土、黄铁矿、方解石等形式；另一部分以有机态形态赋存在煤中，如与羧酸官能团形成有机羧酸盐形态（图 1-9）。褐煤反应性与其有机质的结构密不可分，但其固有矿物质也起到了重要作用。20 世纪 80 年代，学者[30] 就发现煤中部分碱金属与碱土金属组分矿物质成分（方解石、长石等）可有效提高水蒸气气化性能以及影响反应产物的组成。这部分煤中固有的矿物质对燃烧、热解、气化都有一定的催化作用，在煤中被称为活性矿物质。

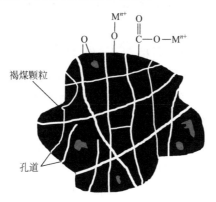

图 1-9　褐煤自然结构中矿物质存在状态

煤中的活性矿物质参与煤的整个热化学反应过程，温度及化学环境的改变也影响其组成和形态的变化，对煤的热解、燃烧、气化及加氢液化等热化学反应具有催化效果，催化作用效果与煤种密切相关，对低阶煤（褐煤、不黏煤、弱黏煤和长焰煤）热化学反应催化效果尤为明显。催化气化因其反应条件温和、反应产物附加值更高，提高反应速率合成气中 H_2 含量与 H_2/CO 比值都有所提高，相对于传统气化技术能耗损失少、降低了运行成本等优势，是煤制高氢合成气研究的重要领域。活性矿物质对褐煤的水蒸气气化产物组成比例、反应速率与反应温度区间等都有一定的影响。Luo 与 Smoliński[31-33] 等将含有 Al_2O_3、CaO 和 MgO 炉灰渣掺杂在煤中，可有效地催化煤水蒸气气化制高氢气体，使得氢气含量在合成气中比例增加。碱金属 K、Na 在低阶煤气化反应中也体现了一定的催化作用，但相比其在高阶煤气化反应中催化效果要低得多。

1.4.2　钙对煤催化气化的影响

研究发现低阶煤固有矿物质中钙的含量虽然很低，但其在气化反应中的催化效果尤为显著[14]。

Zhang 等[34] 用 Na_2CO_3 与 $Ca(OH)_2$ 为催化剂，以单独 Na^+、Ca^{2+} 与复合（Ca^{2+}/Na^+）添加的方式掺杂在褐煤中，发现复合添加的方式可以使金属以高度分散的状态负载在煤样中，能更有效地提高气化反应性能。Wang[35] 得到类似的结果，K_2CO_3 与 $Ca(OH)_2$ 在煤样中同时存在时，$Ca(OH)_2$ 可以起到让 K_2CO_3 高度分散在煤中的作用，进而更有效地提高气化反应效率。Wang 等[35-38] 系统研究了钙、钾共同作用下煤焦的催化气化效应，发现所添加钙组分种类及热解制焦温度均影响催化效应，所添加 CaO 在煤焦表面高度分散，致使其还原温度大幅度降低，在较低温度（约 $750℃$）下就开始还原为 $CaO_\alpha C_\beta$，随温度升高还原程度提高，从而提高了其反应活性。

And[39] 发现可与低阶煤中—COO—官能团进行离子交换的 Ca^{2+}，在热化学反应过程中与碳主体结构紧密结合，且可部分被还原，$700℃$ 下气化反应性提高近 2 个数量级。Matsuoka 等[40] 发现钙在各类煤种的赋存状态有很大差别，随煤阶提高以离子交换态存在的比例越来越低，而以钙盐离散存在的比例越来越高。Ohtsuka 等[41] 研究了 16 种煤添加质量分数为 5% $Ca(OH)_2$ 后的气化反应活性，发现煤阶越低催化效果越高。Kuznetsov[42] 发现，在气化反应过程中，褐煤中固有钙组分中，CaO 的催化效应远高于 $CaCO_3$，而其他学者[43] 却发现存在可与煤种官能团形成离子交换的钙，在 $750\sim800℃$ 气化反应中，以 $CaCO_3$ 形式存在时催化效果最高。Clemens 等[44] 指出只有能与官能团形成离子交换的钙，才能对低阶煤的气化反应起到催化作用。Gopalakrishnan[45] 发现合成煤中添加 CaO、$CaCO_3$ 与 $CaSO_4$ 后，分别将其燃烧反应性提高了 2700、160 和 290 倍。Zhang 等[46] 研究添加钙组分后褐煤焦的吸氧及其热解脱气释放规律，发现所添加的钙与官能团发生了结合，并在热解过程中形成了 $CaO(O)$ 结构，从而影响了其吸氧及热解脱气性能，CO_2 的脱附量随钙组分负载量的增加而增加，而 CO 的脱附却不受影响。Joly 等[47] 利用 TPR/TPD（程序升温还原/脱附），研究低阶煤添加 $CaCO_3/CaO$ 后程序升温过程中 CO/CO_2 释放行为特性，发现钙成分在煤表面上以多种形态结构存在，且钙氧化物在与煤主体和还原气氛的作用下，发生一定程度的还原，形成了 $CaO_\alpha C_\beta$ 结构，从而提高了其气化反应性。Tsubouchi[48] 发现钙的存在，使低阶煤热解过程所形成煤焦的结晶度和石墨化程度提高，与官能团结合的钙离子是决定其煤焦结晶度和石墨化程度的关键因素，所添加的钙热解过程高度分散于煤焦表面，且有很大一部分

被还原为 $CaO_\alpha C_\beta$ 甚至碳化钙 CaC_β。

金属组分对不同煤种的催化效果不同,碱金属 K、Na 虽然对煤气化有较好的催化效果,但其强碱性对设备的损耗较高,Na_2CO_3 与 K_2CO_3 在褐煤气化主反应温区(800℃)很容易形成碳酸盐且为熔融状态,导致其与煤形成稳定性更高的结合体,进而影响了煤焦的气化反应转化率。与碱金属 K、Na 相比,Ca 组分的碱性要低得多,且其在 600~800℃时对褐煤的催化效应更为明显。

关于钙对低阶煤催化效果的影响,不同学者的研究成果也不一样,原因可能是因为钙的特殊性,可存在于动植物等生物及非生物体内。自然界中仅碳酸钙矿石就有多种晶型,例如霰石、方解石、白垩、石灰岩等。钙在煤中的赋存形态也较多,无机钙呈现不同的晶型,有机钙中其有机官能团不同,这些不同赋存形态的钙对低阶煤热反应过程的结构及反应性的影响也不同。因而钙在气化过程中的作用仍需要进一步的认识。同时,钙化合物在自然界储量丰富,价廉易得且对环境友好,同时具有良好的生物与环境兼容性,将其用于提高褐煤的催化气化,具有多方面的优势。

1.5 褐煤催化气化机理

不同的学者根据研究结果提出了不同的催化机理模型,Wood[49]、Wen[50]、McKee[51]、Moulijn[52] 和 Irfan[53] 等就外加金属组分及固有矿物质对煤(焦)、石墨和碳粉等在热化学反应过程中的催化作用及催化机理分解进行了详细分析总结。本质上可归纳为两种理论观点:"氧化物-碳主体-反应气体氧化-还原循环机理"和"$M-C_xH_yO_z$ 活性反应物种活化机理"。两种机理的简单介绍如下。

1.5.1 "氧传递"机理

"氧传递"机理从催化剂角度解析矿物质中金属组分对水蒸气气化性能的影响，认为活性矿物质（金属组分）可以高度分散在煤中，高煤的比表面积随之提高，活性矿物催化活性中心。金属首先被煤中的碳还原，当接触到水蒸气再被水氧化，如式（1-4）～式（1-6），金属组分在煤中的催化作用基于金属本身的氧化还原反应，这一催化反应机理被一部分研究学者[54]利用实验与表征分析进行验证。但是这个催化过程所需的吉布斯自由能非常高，且将碳酸盐还原为相应的金属单质和氧化物的平衡常数也是非常低的，即能被还原的金属的量很低。

$$M_2(CO_3)_n + C \longrightarrow M + CO + CO_2 \qquad (1-4)$$

$$M + H_2O \longrightarrow M(OH)_n + H_2 \qquad (1-5)$$

$$M(OH)_n + CO_2 \longrightarrow M_2(CO_3)_n + H_2O \qquad (1-6)$$

1.5.2 "电子传递"机理

金属元素与煤中含氧官能团形成了金属有机化合物中间结合体，其在热反应进行过程中生成的 $M-C_xH_yO_z$ 为活性反应物种，具有更高的反应活性。随着研究的深入和对不同实验现象的理解以及微观精细结构的表征手段技术的发展，近年来，一部分学者认为固有矿物质在煤中不仅仅以无机形态的盐类存在[43]，在热化学过程中矿物质会进入煤的碳骨架结构中，形成介稳的结构体结构引起催化效应。早在 1980 年代，Mims 等[55,56] 就提出了这种催化煤水蒸气气化的电子传递的机理，如式（1-7）～式（1-9）所示。

$$M_2(CO_3)_n + C \longrightarrow M-C + CO_2 \qquad (1-7)$$

$$M\text{-}C + H_2O \longrightarrow M\text{-}C\text{-}O + H_2 \qquad (1\text{-}8)$$

$$M\text{-}C\text{-}O \longrightarrow M\text{-}C + CO \qquad (1\text{-}9)$$

电子传递的催化理论随着原位在线检测技术的成熟，以及光谱表征技术的突破，开始被广泛地接受。Zhang 等[57]借助 X 射线衍射与激光拉曼技术对掺杂催化剂的烟煤煤焦进行结构分析，认为催化剂与煤在热解过程中形成了"催化剂-煤"（catalyst-coal）的相互作用，使得煤焦结构趋近于无序化，煤焦的反应活性提高。Domazetis[58,59]等利用分子建模与实验结果相结合的方法，认为铁离子与褐煤在热处理过程形成了一种"Fe-C"催化活性中心，在水蒸气气化反应过程中，"Fe-C"为活性中心进行氧化还原反应，促进水气化性能。

"氧传递理论"与"电子传递催化理论"其实更多的是简单地将煤看为 $C_xH_yO_z$ 大分子有机化合物，只从元素的角度来解析其催化机理。催化气化诚然与催化剂的种类、负载量都密不可分，但在水蒸气气化过程中有催化剂存在的情况下，褐煤自身结构的演变也是造成反应性差异的一部分原因。催化气化过程中煤与催化剂形成的活性中间微结构的基础特征，不同的催化剂造成的微观团簇的结构也不同，热反应条件下，金属组分与煤中有机质相互作用，所形成的结构体结构是影响其反应性能的重要因素。

已有研究[60]表明，褐煤等低阶煤的有机质组成结构特性是其反应性高的主要因素。作者所在研究团队的研究结果表明[61]，褐煤经盐酸脱矿处理之后，煤中有机质组成结构变化不大，而水蒸气气化反应性大幅度降低，说明褐煤的高化学反应性是其有机质组成织构特性与所含某些矿物质共同作用的结果。

本课题组前期利用 XRD、Raman、FT-IR、XPS 及 SEM 等多种表征手段对胜利褐煤组成与结构进行了基础研究[9,10]，解析了组成与结构变化对反应性的影响。研究发现，胜利褐煤中无机矿物质成分占胜利褐煤的 $10\%\sim20\%$，元素种类多达几十种，固有矿物质对胜利褐煤物理性质（形貌、孔结构）[62-66] 与化学反应性（热解、燃烧、气化）[9,67] 都有一定的影响。其中固有矿物质在催化胜利褐煤水蒸气气化过程中有重要作用[68]。通过对脱矿胜利褐煤添加不同金属组分，对比反应性能发现，Al^{3+}、Na^+、Ca^{2+}、Si^{4+}、Fe^{n+}、K^+ 和 Mn^{n+} 等主要矿物质成分中钙组分催化活性最高[61]。利用 XPS 分析发现随热解温度升高胜利褐煤负载钙煤焦中空位缺陷增多，是其水蒸气气化反应性提高的重要因素[69]。XRD 与 Raman 分析与煤焦反应性相关联，结果表明，随钙组分添加量的提高，煤焦无序化程度和晶格缺陷均增大，反应性能提高[70]。已有研究证明，钙组分对胜利褐煤热转化过程中有机质结构的变化起到了一定影响，是反应性能提高的一部分原因。

以往的研究过多地关注在钙组分下煤焦的水蒸气气化性能的变化，虽也注意到钙组分作用下煤焦石墨化程度、碳微晶尺寸等宏观结构的变化及其对反应性的影响，但没有注意到钙周围碳结构的变化及其与反应气体（O_2、H_2O 和 CO_2 等）之间的反应特性。另一方面，煤热化学反应过程中钙组分的赋存状态与形态变化也缺乏深入的研究，钙与煤中有机结构所形成结合体，在复杂的热变化过程中褐煤中有机质与钙两者之间结构组成形态，以及钙结构组成的变化对水蒸气气化过程的催化作用机理与合成气产物分布方面需进行更深入的研究。

1.6 小结

在胜利褐煤水蒸气气化过程中（图 1-10），随温度升高，煤中有机质与无机矿物质将不断转化。有机质先经过热解过程形成煤焦进而进行水蒸气气化，矿物质将发生分解等反应。但两者在煤中共存，必然发生相互作用形成结合体，在热变化过程中，原有的结合体不断变化，同时也有新结构体形成。煤焦中金属组分的赋存状态及其新形成的结构体形态的变化，是解析胜利褐煤水蒸气气化过程热转化特性及揭示金属组分催化机理的基础。

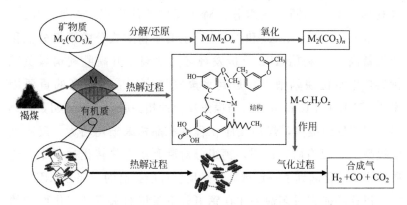

图 1-10　水蒸气气化过程中胜利褐煤整体结构变化

鉴于胜利褐煤反应行为特性与钙组分作用下微结构密切关系，本书将综合利用 FT-IR、XRD、SEM、XPS、^{13}C NMR 表征技术，对胜利褐煤焦微结构进行深入研究，以获得热化学反应过程煤焦大分子微结构（官能团、结晶、形貌和键合等）的各种详细信息。同时利用氧化石墨作为模型化合物模拟分析胜利褐煤与钙组分结合形态（方式、结构）及其在气化反应过程中微结构的变化规律，解析并确定煤焦基元微结构（组成、织构）的转化演变历程及其规律，揭示其对气化反应催化效应的煤焦基元微结构基础，建立其催化作用机理模型，为胜利褐煤气化直接制高氢合成气提供理论依据和技术支持。

参考文献

[1] 应卫勇.煤基合成化学品 [M].北京：化学工业出版社，2010.

［2］ Trommer D. , Noembrini F. , Fasciana M. , et al. Hydrogen production by steam-gasification of petroleum coke using concentrated solar power-I. Thermodynamic and kinetic analyses ［J］. International Journal of Hydrogen Energy，2005，30（6）：605-618.

［3］ Duan W. , Yu Q. , Xie H. , et al. Thermodynamic analysis of hydrogen-rich gas generation from coal/steam gasification using blast furnace slag as heat carrier ［J］. International Journal of Hydrogen Energy，2014，39（22）：11611-11619.

［4］ 钱琳，孙绍增，王东，等. 两种褐煤的^{13}C NMR 特征及 CPD 高温快速热解模拟研究 ［J］. 煤炭学报，2013，38（3）：455-460.

［5］ Lv J. H. , Wei X. Y. , Yu Q. , et al. Insight into the structural features of macromolecular aromatic species in Huolinguole lignite through ruthenium ion-catalyzed oxidation ［J］. Fuel，2014，128：231-239.

［6］ Liu F. J. , Wei X. Y. , Zhu Y. , et al. Investigation on structural features of Shengli lignite through oxidation under mild conditions ［J］. Fuel，2013，109（7）：316-324.

［7］ 马伦，陆大荣，李珊，等. 神华煤钌离子催化氧化解聚产物的 FT-ICR MS 分析研究 ［J］. 煤炭学报，2013，38（s1）：223-230.

［8］ Mathews J. P. , Chaffee A. L. . The molecular representations of coal-A review ［J］. Fuel，2012，96（1）：1-14.

［9］ Song Y. , Feng W. , Li N. , et al. Effects of demineralization on the structure and combustion properties of Shengli lignite ［J］. Fuel，2016，183：659-667.

［10］ 宋银敏，冯伟，王云飞，等. 胜利褐煤燃烧中未反应残留物结构特性及铁的添加效应 ［J］. 燃料化学学报，2016，44（12）：1447-1456.

［11］ Li G. Y. , Ding J. X. , Zhang H. , et al. ReaxFF simulations of hydrothermal treatment of lignite and its impact on chemical structures ［J］. Fuel，2015，154：243-251.

［12］ Jiang M. Q. , Zhou R. , Hu J. , et al. Calcium-promoted catalytic activity of potassium carbonate for steam gasification of coal char：Influences of calcium species ［J］. Fuel，2012，99（9）：64-71.

［13］ 谢克昌. 煤的结构与反应性［M］. 北京：科学出版社，2002.

［14］ Li X. , Li C. Z. . Volatilisation and catalytic effects of alkali and alkaline earth metallic species during the pyrolysis and gasification of Victorian brown coal. Part VIII. Catalysis and changes in char structure during gasification in steam［J］. Fuel，2006，85（10-11）：1518-1525.

［15］ Zhang S. , Hayashi J. I. , Li C. Z. . Volatilisation and catalytic effects of alkali and alkaline earth metallic species during the pyrolysis and gasification of Victorian brown coal. Part IX. Effects of volatile-char interactions on char-H_2O and char-O_2 reactivities［J］. Fuel，2011，90（4）：1655-1661.

［16］ Ding D. , Liu G. , Fu B. , et al . Influence of carbon type on carbon isotopic composition of coal from the perspective of solid-state ^{13}C NMR［J］. Fuel，2019，245（1）：174-180.

［17］ Xu L. , Yang J. , Li Y. , et al. Behavior of organic sulfur model compounds in pyrolysis under coal-like environment［J］. Fuel Processing Technology，2004，85（8）：1013-1024.

［18］ Arenillas A. , Pevida C. , Rubiera F. , et al. Characterisation of model compounds and a synthetic coal by TG/MS/FTIR to represent the pyrolysis behaviour of coal［J］. Journal of Analytical & Applied Pyrolysis，2004，71（2）：747-763.

［19］ Liu X. , Zheng Y. , Liu Z. , et al. Study on the evolution of the char structure during hydrogasification process using Raman spectroscopy［J］. Fuel，2015，157：97-106.

［20］ Potgieter V. S. , Maledi N. , Wagner N. , et al. Raman spectroscopy for the analysis of coal：a review［J］. Journal of Raman Spectroscopy，2011，42（2）：123-129.

［21］ Oh J. S. , Wheelock T. D. . Reductive decomposition of calcium sulfate with carbon monoxide：reaction mechanism［J］. Industrial & Engineering Chemistry Process Design and Development，1990，29（4）：544.

［22］ Ye R. , Xiang C. , Lin J. , et al. Coal as an abundant source of graphene quantum dots［J］. Nature Communications，2013，4（11）：2943.

［23］ E Morales-Narváez，Merkoi A. Graphene oxide as an optical biosensing platform: a progress report [J]. Advanced Materials, 2019, 31 (6): 1805043-1805043.

[24] 庞宏明. 煤炭的气化原理 [J]. 气体分离, 2010, (4): 26-28.

[25] Stiegel G. J., Ramezan M.. Hydrogen from coal gasification: an economical pathway to a sustainable energy future [J]. International Journal of Coal Geology, 2006, 65 (3): 173-190.

[26] Corella J., Toledo J. M., Molina G.. Steam gasification of coal at low-medium (600-800℃) temperature with simultaneous CO_2 capture in fluidized bed at atmospheric pressure: the effect of inorganic species. 1. Literature review and comments [J]. Industrial & engineering chemistry research, 2006, 45 (18): 6137-6146.

[27] Mondal P., Dang G. S., Garg M. O.. Syngas production through gasification and cleanup for downstream applications: recent developments [J]. Fuel Processing Technology, 2011, 92 (8): 1395-1410.

[28] 许世森, 张东亮, 任永强. 大规模煤气化技术 [M]. 北京: 化学工业出版社, 2006.

[29] 王向辉, 门卓武, 许明, 等. 低阶煤粉煤热解提质技术研究现状及发展建议 [J]. 洁净煤技术, 2014, (6): 36-41.

[30] Takarada T., Nabatame T., Ohtsuka Y., et al. Steam gasification of brown coal using sodium chloride and potassium chloride catalysts [J]. Industrial & Engineering Chemistry Research, 1989, 28 (5): 505-510.

[31] Luo S., Zhou Y., Yi C.. Hydrogen-rich gas production from biomass catalytic gasification using hot blast furnace slag as heat carrier and catalyst in moving-bed reactor [J]. International Journal of Hydrogen Energy, 2012, 37 (20): 15081-15085.

[32] Luo S. Y., Yi C. J., Zhou Y. M.. Bio-oil production by pyrolysis of biomass using hot blast furnace slag [J]. Renewable Energy, 2013, 50 (3): 373-377.

[33] Smoliński A., Howaniec N.. Co-gasification of coal/sewage sludge blends to hydrogen-rich gas with the application of simulated high temperature reactor excess heat [J]. International Journal of Hydrogen Energy, 2016,

41 (19): 8154-8158.

[34] Zhang L. X., Kudo S., Tsubouchi N., et al. Catalytic effects of Na and Ca from inexpensive materials on in-situ steam gasification of char from rapid pyrolysis of low rank coal in a drop-tube reactor [J]. Fuel Processing Technology, 2013, 113: 1-7.

[35] Wang J., Yao Y., Cao J., et al. Enhanced catalysis of K_2CO_3 for steam gasification of coal char by using $Ca(OH)_2$ in char preparation [J]. Fuel, 2010, 89 (2): 310-317.

[36] Wang J., Jiang M., Yao Y., et al. Steam gasification of coal char catalyzed by K_2CO_3 for enhanced production of hydrogen without formation of methane [J]. Fuel, 2009, 88 (9): 1572-1579.

[37] Wang J., Sakanishi K., Saito I.. High-yield hydrogen production by steam gasification of hypercoal (ash-free coal extract) with potassium carbonate: comparison with raw coal [J]. Energy & Fuels, 2005, 19: 2.

[38] Wang J., Kayoko M. A., Takarada T.. High-temperature interactions between coal char and mixtures of calcium oxide, quartz, and kaolinite [J]. Energy & Fuels, 2001, 15 (5): 1145-1152.

[39] And Y. O., Asami K.. Ion-exchanged calcium from calcium carbonate and low-rank coals: high catalytic activity in steam gasification [J]. Energy & Fuels, 1996, 10 (2): 431-435.

[40] Matsuoka K., Rosyadi E., Tomita A. Mode of occurrence of calcium in various coals [J]. Fuel, 2002, 81 (11): 1433-1438.

[41] Ohtsuka Y., Asami K.. Steam gasification of coals with calcium hydroxide [J]. Fuel & Energy Abstracts, 2002, 9 (6): 294-299.

[42] Kuznetsov P. N., Kolesnikova S. M., Kuznetsova L. I.. Steam gasification of different brown coals catalysed by the naturally occurring calcium species [J]. International Journal of Clean Coal & Energy, 2013, 2 (1): 1-11.

[43] Murakami K., Sato M., Tsubouchi N., et al. Steam gasification of Indonesian subbituminous coal with calcium carbonate as a catalyst raw material [J]. Fuel Processing Technology, 2015, 129 (129): 91-97.

[44] Clemens A. H., Damiano L. F., Matheson T. W.. The effect of calcium

on the rate and products of steam gasification of char from low rank coal [J]. Fuel, 1998, 77 (77): 1017-1020.

[45] Gopalakrishnan R., Fullwood M. J., Bartholomew C. H.. Catalysis of char oxidation by calcium minerals: effects of calcium compound chemistry on intrinsic reactivity of doped spherocarb and zap chars [J]. Energy & Fuels, 2002, 8 (4): 984-989.

[46] Zhang Z. G., Kyotani T., Tomita A.. Dynamic behavior of surface oxygen complexes during oxygen-chemisorption and subsequent temperature-programmed desorption of calcium-loaded coal chars [J]. Energy & Fuels, 1989, 3 (5): 566-571.

[47] Joly J. P., Cazorla A. D., Charcosset H., et al. The state of calcium as a char gasification catalyst-a temperature-programmed reaction study [J]. Fuel, 1990, 69 (7): 878-884.

[48] Tsubouchi N., Chunbao X. A., Ohtsuka Y.. Carbon crystallization during high-temperature pyrolysis of coals and the enhancement by calcium [J]. Energy & Fuels, 2003, 17 (5): 1119-1125.

[49] Wood B. J., Sancier K. M.. Mechanism of the catalytic gasification of coal char: a critical review. Final report, Task 6, September 1983. [137 references] [J]. Coal Lignite & Peat, 1984.

[50] Wen W. Y.. Mechanisms of alkali metal catalysis in the gasification of coal, char, or graphite [J]. Catalysis Reviews, 1980, 22 (1): 399-401.

[51] Mckee D. W.. Mechanisms of the alkali metal catalysed gasification of carbon [J]. Fuel, 1983, 62 (2): 170-175.

[52] Moulijn J. A., Cerfontain M. B., Kapteijn F.. Mechanism of the potassium-catalyzed gasification of carbon in CO_2 [J]. Fuel, 1984, 63 (8): 1043-1047.

[53] Irfan M. F., Usman M. R., Kusakabe K.. Coal gasification in CO_2 atmosphere and its kinetics since 1948: A brief review [J]. Energy, 2011, 36 (1): 12-40.

[54] Wang J., Kinya S. A., Saito I., et al. High-yield hydrogen production by steam gasification of hypercoal (ash-free coal extract) with potassium car-

bonate：comparison with raw coal [J]. Energy & Fuels, 2005, 19 (5)：
32-40.

[55] Mims C. A., Pabst J. K.. Alkali-catalyzed carbon gasification. I. Nature of
the catalytic sites [J]. Am Chem Soc, Div Fuel Chem, 1980, 25：3.

[56] Karl J. H., Shohei H., Akio F., et al. The influence of the catalyst pre-
cursor anion in catalysis of water vapour gasification of carbon by potassi-
um：2. Catalytic activity as influenced by activation and deactivation reac-
tions [J]. Fuel, 1986, 65 (8)：1122-1128.

[57] Zhang J., Zhang R., Bi J.. Effect of catalyst on coal char structure and its
role in catalytic coal gasification [J]. Catalysis Communications, 2016,
79：1-5.

[58] Domazetis G., Raoarun M., James B. D., et al. Molecular modelling and
experimental studies on steam gasification of low-rank coals catalysed by i-
ron species [J]. Applied Catalysis A General, 2008, 340 (1)：105-118.

[59] Domazetis G., James B. D.. Molecular models of brown coal containing in-
organic species [J]. Organic Geochemistry, 2006, 37 (2)：244-259.

[60] Yu J., Tahmasebi A., Han Y., et al. A review on water in low rank
coals：The existence, interaction with coal structure and effects on coal u-
tilization [J]. Fuel Processing Technology, 2013, 106 (2)：9-20.

[61] Yang L., Zhou C., Na L., et al. Production of high H_2/CO syngas by
steam gasification of Shengli lignite：catalytic effect of inherent minerals
[J]. Energy & Fuels, 2015, 29 (8)：4738-4746.

[62] 宋银敏，刘全生，滕英跃，等.胜利褐煤矿物质脱除及其形貌变化的研究
[J].电子显微学报，2012，31 (6)：523-528.

[63] 滕英跃，廉士俊，刘全生，等.基于 1H-NMR 的胜利褐煤原位低温干燥
过程中弛豫时间及孔结构变化 [J].煤炭学报，2014，39 (12)：
2525-2530.

[64] 滕英跃，宋银敏，刘全生，等.胜利褐煤半焦显微结构及其燃烧反应性能
[J].煤炭学报，2015，40 (2)：456-462.

[65] 周晨亮，宋银敏，刘全生，等.胜利褐煤提质及其表面形貌与物相结构研
究 [J].电子显微学报，2013，32 (3)：237-243.

［66］Teng Y. Y.，Liu Y. Z.，Liu Q. S.，et al. Macerals of Shengli lignite in inner Mongolia of China and their combustion reactivity ［J］. 2016，2016 (1)：1-7.

［67］周晨亮，刘全生，李阳，等.固有矿物质对胜利褐煤热解气态产物生成及其动力学特性影响的实验研究 ［J］.中国电机工程学报，2013，(35)：21-27.

［68］周晨亮，刘全生，李阳，等.胜利褐煤水蒸气气化制富氢合成气及其固有矿物质的催化作用 ［J］.化工学报，2013，64 (6)：2092-2102.

［69］李阳，李娜，刘洋，等.制焦温度对加钙煤焦结构及其水蒸气气化反应性能的影响 ［J］.内蒙古工业大学学报，2015，34 (4)：270-275.

［70］李阳，刘洋，冯伟，等.氧化钙对胜利褐煤焦水蒸气气化反应性能及微结构的影响 ［J］.燃料化学学报，2015，43 (9)：1038-1043.

第2章

褐煤催化气化
研究方法

2.1　褐煤处理方法

① 以内蒙古锡林郭勒盟胜利煤田的褐煤为研究对象，对胜利褐煤利用制样粉碎机及标准分样筛进行破碎、筛分，选取粒径为 0.075～0.15mm 煤样置于鼓风干燥箱中以 105℃烘 4 h，得到实验所用的胜利煤样，记为 SL。

② 采用氧化石墨及石墨作为胜利褐煤及其焦样的模型化合物，所用石墨来自中国三大石墨基地之一的乌兰察布市兴和县，纯度为 99.99%，粒径为 0.15mm。

2.1.1　脱矿煤样制备

① 将浓盐酸（质量分数 38%）与水以 1:1（mL）的体积比混合置于烧杯中，得到稀释后的盐酸溶液。

② 以 SL 样品与稀盐酸以 1g:6mL 的比例在烧杯中混合，利用数显恒速搅拌仪器在室温下以 100r·min^{-1} 的转速搅拌 4 h，得到混合后的固液混合物。

③ 将固液混合物倒入布氏漏斗进行抽滤，滤饼用蒸馏水反复洗涤后再抽滤，将 AgNO$_3$ 溶液滴入滤液中，直至滤液无沉淀后停止对滤饼的洗涤，以此作为检测洗液中不含 Cl$^-$ 的依据。

④ 洗涤无氯残留的煤样置于鼓风干燥箱中以 105℃烘 4 h，研磨筛分，选取 0.075～0.15mm 粒径样品，得到脱除矿物质煤样，记为 SL$^+$。SL 样品及 SL$^+$ 样品 ICP（等离子体发射光谱）测试结果见表 2-1，由 SL$^+$ 样品的金属组分在煤中比例分析结果可以看到，除 Al 与 Si 外，Ca、K、Na 等金属被盐酸有效脱除除去。

表 2-1　胜利褐煤及脱矿褐煤中金属组分比例

样品	煤基准/灰基准						
	Al	Na	Ca	Si	Fe	Mn	K
SL	2.40/ 35.50	0.58/ 8.59	0.41/ 6.08	3.11/ 46.09	0.11/ 0.69	0.08/ 1.18	0.06/ 0.88
SL⁺	0.90/ 32.94	0.00/ 0.16	0.01/ 0.19	2.89/ 64.58	0.03/ 0.92	0.03/ 1.18	0.00/ 0.03

2.1.2　氧化石墨样品制备

利用改良 Hummer 法制备氧化石墨（GO），具体制备方法见图 2-1。

① 将 90mL 浓硫酸溶液（H_2SO_4，质量分数 98%）置于烧杯中，将 5g 石墨（G）样品放入烧杯中与 H_2SO_4 溶液混合，得到黑色浑浊液；

② 将盛有黑色浑浊液烧杯置于冰浴中，将 15g 高锰酸钾（$KMnO_4$）少量多次放入黑色浑浊液中，保证反应温度低于室温，在 35℃下搅拌 24h，得到褐色浑浊液；

③ 向褐色浑浊液中缓慢加入蒸馏水至反应不再放热，继续在 35℃下搅拌 1h 以后，将双氧水（H_2O_2，质量分数 30%）滴入烧杯至无气泡产生，得到亮黄色浑浊液；

④ 趁热抽滤后，将棕色滤饼用蒸馏水反复洗涤，直到滤液 pH 值为中性后，将样品置于鼓风干燥箱中在 60℃下烘 12h，制

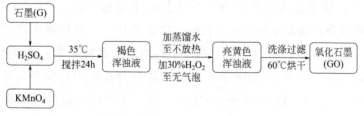

图 2-1　氧化石墨（GO）制备方法

备得到氧化石墨样品，记为GO，将样品密封置于干燥器中备用。

2.1.3　浸渍法添加钙组分样品的制备

① 量取适量体积蒸馏水（SL^+/G/GO：$H_2O=1g$：10mL）置于烧杯中；

② 称取钙化合物与蒸馏水混合，搅拌配制成含钙溶液，含钙溶液中钙原子质量占 SL^+ 样品达到实验所需比例；

③ 将 SL^+/G/GO 样品与含钙溶液混合在室温下搅拌12h使样品充分浸渍，将浸渍好的样品置于鼓风干燥箱中以105℃烘12h，得到浸渍法添加钙组分样品，记为 SL^+-Ca、G-Ca、GO-Ca，将样品密封置于干燥器中备用。

2.1.4　煤焦样品制备

取 20g 粒径为 0.075～0.15mm 的实验样品于 SYD-T116 固

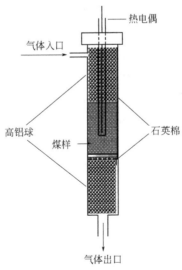

图 2-2　陶瓷管反应器结构图

定床反应器中（图 2-2），在氩气（Ar）气氛下以 15℃·min⁻¹ 的升温速率，以 70mL·min⁻¹ 的气体流速由室温加热至设定终温，恒温 1h，冷却至室温后取出样品称重，制备得到煤焦样品，将煤焦样品密封置于干燥器中备用。

2.2 反应性能测试仪器与设备

2.2.1 实验装置

水蒸气气化实验是在天津先权公司生产的 WFSM-3060TL 煤化反应评价与表征一体化装置中进行的，实验系统如图 2-3 所示。实验系统主要由气体控制器、温度控制器、水蒸气发生器、固定床反应炉、净化冷却装置和气相色谱分析仪组成。实验载气通过质量流量计计量后与水蒸气发生器内的蒸气（水蒸气气化温度为 200℃）充分混合，通入装有煤样的反应器，然后水蒸气、气化合成气和焦油蒸气随着载气一同进入到净化冷却装置，水蒸气与焦油被冷凝于冷却装置中，合成气由气相色谱分析仪在线进行分析。

固定床反应器规格：8×350mm；

中部等温区尺寸：>80mm；

测试系统压力：0.6MPa；

测试系统载气：高纯 Ar（纯度：99.999%）。

2.2.2 消除外扩散影响

固定载气和水蒸气流量比为 1:1，在 850℃ 条件下对粒径为 0.25mm 的原煤进行等温气化实验（isothermal steam gasification,

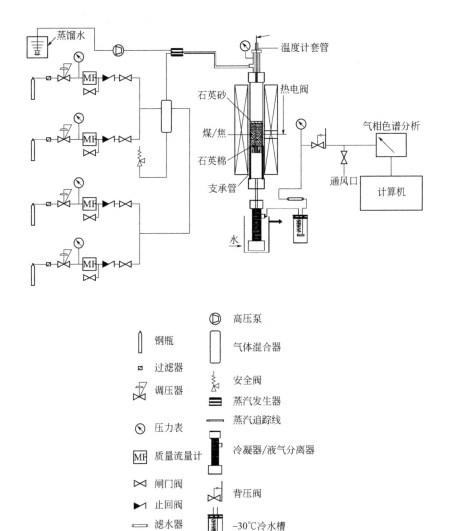

图 2-3 水蒸气气化反应实验装置图

ISG），载气和水蒸气流量均分别为 150mL·min⁻¹、200mL·min⁻¹、250mL·min⁻¹ 的条件下，煤样气化过程中碳转化率随时间的变化情况如图 2-4 所示。实验结果表明，随着载气和水蒸气流量的增大，相同反应时间下煤样的气化碳转化率显著增大。当载气和水蒸气流量达到 $200mL \cdot min^{-1}$ 后，两者流量的增大对煤样气化碳转化率几乎没有影响，因此可以认为在该条件下外扩散影响已被消除。

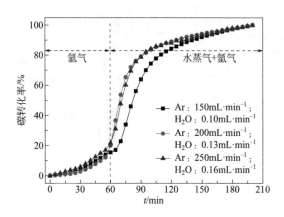

图 2-4　原煤等温水蒸气气化过程碳转化率

2.2.3　消除内扩散影响

在反应温度为 850℃，载气和水蒸气流量均为 $200mL \cdot min^{-1}$ 的条件下，分别对粒径为 $0.038\sim0.075mm$、$0.075\sim0.15mm$ 和 $0.15\sim0.25mm$ 的原煤进行等温气化实验，煤样气化过程中碳转化率随时间变化情况如图 2-5 所示。随着煤样粒径的减小，相同反应时间下煤样的气化碳转化率明显增大。当粒径范围达到 $0.075\sim0.15mm$ 后，煤样粒径的减小对其气化碳转化率的影响很小，内扩散对气化反应的影响已基本消除。

综上所述，为保证水蒸气气化反应不受内外扩散的影响，将载气和水蒸气的流量定为 $200mL \cdot min^{-1}$（即蒸馏水流量为 $0.13mL \cdot min^{-1}$）；将实验样品粒径定为 $0.075\sim0.15mm$。

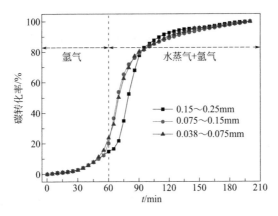

图 2-5　不同粒径的原煤等温水蒸气气化过程碳转化率

2.2.4　实验方法

（1）程序升温水蒸气气化（TPSG）　将 0.5g 粒径为 0.075～0.15mm 的煤样装入反应器中，氩气（Ar）气氛下，气体流速为 200mL·min^{-1}；以 15℃·min^{-1} 的升温速率从室温升至 500℃并在反应温度为 200℃时通入水蒸气，水蒸气体积分数为 50%；继续以 2℃·min^{-1} 的升温速率从 500℃升至 850℃；达到 850℃后继恒温直至反应结束（色谱采集 H$_2$ 浓度低于 0.1%），停止水蒸气通入，开启降温电扇使反应器温度降至室温。气化过程中所生成的合成气中 H$_2$、CO$_2$、CO 和 CH$_4$ 浓度采用气相色谱仪在线进行定量分析，采样时间间隔为 5min。

（2）等温水蒸气气化（ISG）　将 0.5g 粒径为 0.075～0.15mm 的煤样装入反应器中，氩气（Ar）气氛下，气体流速为 200mL·min^{-1}；以 15℃·min^{-1} 的升温速率从室温加热至 850℃后维持温度不变；此时通入水蒸气，水蒸气体积分数为 50%。直至气化反应测试结束，停止水蒸气通入，开启降温电扇使反应器温度降至室温。

（3）空白实验　为了验证实验装置体系是否会对煤样气化反应造成干扰，采用与程序升温气化实验相同的条件和步骤，并以石英砂代替煤样，进行气化空白实验。结果表明，反应体系本身不会干扰煤样气化实验。

2.2.5　实验数据处理

由于进行煤样水蒸气气化反应性测试时所用煤样组成均不相同，因此为统一研究基准，文中所给出的数据除特别说明外，均以干燥无灰基（daf）为基准。

本书结合实验条件，合成气生成速率（r_i），碳转化率（X），瞬时气化速率（R），合成气产率（Y）和合成气组成（GC）的计算方法如下：

$$r_i = \frac{\dfrac{200 \times y_i}{100 - \sum y_i} \times 100\%}{22.4 \times m_0} \quad (i = H_2, CO, CO_2 \text{ 和 } CH_4)$$

$$(2-1)$$

$$X = \frac{\sum \int_{t_0}^{t} r_i \times dt}{\sum \int_{t_0}^{t_g} r_i \times dt} \times 100\% \, (i = CO, CO_2 \text{ 和 } CH_4) \quad (2-2)$$

$$R = \frac{dX}{dt} \quad (2-3)$$

$$Y_i = \int_{t_0 = 0}^{t = t_f} r_i \times dt \quad (i = H_2, CO, CO_2 \text{ 和 } CH_4) \quad (2-4)$$

$$GC = \frac{Y_i}{\sum Y_i} \times 100\% \quad (i = H_2, CO, CO_2 \text{ 和 } CH_4) \quad (2-5)$$

$$CR_{H_2/CO} = \frac{\int_{t_0}^{t_g} r_{H_2} \times dt}{\int_{t_0}^{t_g} r_{CO} \times dt} \tag{2-6}$$

式中　$CR_{H_2/CO}$——H_2 与 CO 的比值；

　　　t_0——气化开始时刻，min；

　　　t——气化某一时刻，min；

　　　t_g——气化结束时刻，min；

　　　t_f——等温水蒸气气化时间，160min；

　　　y_i——气体 i（$i = H_2$，CO，CO_2 和 CH_4）的体积浓度，%；

　　　m_0——样品中固定碳的初始质量，g。

2.3　物化性质测试仪器与分析方法

2.3.1　气相色谱分析 (GC)

实验采用北京北分瑞利分析仪器有限责任公司生产的 SP-2100 A 型气相色谱仪对气化气体产物进行在线检测。色谱工作条件为：TCD 检测器，柱箱温度为 160℃，进样器为 180℃，热丝温度为 200℃。

2.3.2　工业分析和元素分析

工业分析采用 5E-MAG6700 全自动工业分析仪进行测定，该分析仪由两部分组成：1 号分析仪（测定挥发分和固定碳）和 2 号分析仪（测定水分、灰分）。在 1 号分析仪将远红外加热设备和用于称量的电子天平联合使用，放入坩埚称量 1g 样品（平行样 2 个），按 GB/T 212—2008《煤的工业分析方法》进行自动分析。

元素分析采用的是 5E-CHN2000 元素分析仪，并主要针对煤中所含碳、氢、氮三种元素的含量进行分析。准确称取样品 80 mg 于锡箔纸中，用锡箔纸包裹样品，保证锡箔纸中无空气存在，将包好的样品置于自动进样盘，按 GB/T 31391—2015《煤的元素分析》进行自动分析。

2.3.3　矿物质成分分析

采用美国珀金埃尔默股份有限公司生产的 Optima 7000 等离子体发射（ICP）光谱仪对煤样灰分中主要金属成分进行定量分析。

煤样在马弗炉以 815℃ 烧灰，准确称取灰样 0.1000g 于 50mL 聚四氟乙烯烧杯中，将 5mL 硝酸、5mL 氢氟酸与 2mL 高氯酸分别缓慢倒入烧杯中；将烧杯置于电热板上低温加热至冒白雾，加入 3mL 硝酸加热至溶液澄清；将烧杯中液体全部移入 100mL 容量瓶中定容；将容量瓶静置 48 h 后，取 1mL 液体打入 ICP 进样系统，开启 ICP 测试程序。设置测试条件为，功率：1150W；雾化器流量：$0.5L \cdot min^{-1}$；蠕动泵转速：$50mL \cdot min^{-1}$。

2.3.4　扫描电子显微镜-能谱分析 (SEM-EDS)

采用日本 Hitachi 公司生产的 S-3400N 型扫描电镜观察样品表面形貌，并在设备上搭载能谱仪对测试样品表面的元素进行定量分析。测试条件为：加速电压 20kV，背散射电子成像。

2.3.5　X 射线荧光光谱分析 (XRF)

采用日本 Rigaku 公司的 ZSXPrimus2 波长色散 X 射线荧光

光谱仪对样品进行金属成分分析。测试条件：铑靶 X 射线管（功率 4kW）；光管电压 50kV；光管电流 60 mA；视野光栏大小 30mm；仪器内部恒温为（36.5±0.2）℃；电压（200±10）V。

制样方法：称取 4.0g 粒径为 0.075～0.15mm 的样品在玛瑙研钵中充分研磨，在 105℃ 的烘箱中烘 6h，待冷却后放入压样模具中，用低压聚乙烯镶边垫底，在 10MPa 的压力下，利用 BP-1 粉末型压样机压制成直径为 32mm 的样片，所制备样品外径为 40mm。

2.3.6 X 射线衍射分析（XRD）

采用德国 Bruker D8 型 X 射线衍射仪对样品中矿物质和碳微晶晶体结构进行分析，测试条件为：Cu 靶；Ni 滤波；Si-Li 探测器；40kV×40mA；扫描范围：5°～80°；扫描速度：2°·min^{-1}。

采用 Bragg 与 Scheerrer 方程计算石墨碳微晶的晶粒尺寸，如式（2-7）～式（2-9）：

$$d_{002} = \frac{\lambda}{2\sin(\theta_{002})} \tag{2-7}$$

$$L_c = \frac{0.89\lambda}{\beta_{002}\cos(\theta_{002})} \tag{2-8}$$

$$N = \frac{L_c}{d_{002}} + 1 \tag{2-9}$$

式中　λ——X 射线波长，为 1.54056Å；

θ_{002}——布拉格角度，（°）；

β_{002}——衍射峰半高宽度（弧度）；

d_{002}——石墨碳微晶（002 衍射峰）层间距；

L_c——石墨碳微晶堆垛高度；

N——石墨碳微晶堆垛层数。

2.3.7 傅里叶红外光谱分析 (FT-IR)

① 采用 PerkinElmer URTR TWO FT-IR 红外光谱分析仪对样品进行红外测试。样品在真空度为 50kPa 的真空干燥箱中干燥 4h，研磨后直接放置于样品台上，以 $4cm^{-1}$ 分辨率在 $400\sim 4000cm^{-1}$ 范围内扫描采集红外谱图。

② 采用美国尼高力公司 NEXUS 670 型傅里叶变换红外光谱仪，样品在真空度为 50kPa 的真空干燥箱中干燥 4h。测试条件为：将 1mg 样品与 KBr 按照比例为 1∶200 进行研磨并混合均匀，用压片机压成薄片，以 $2cm^{-1}$ 分辨率在 $400\sim 4000cm^{-1}$ 范围内扫描采集红外谱图。

③ 数据处理：采用 Origin 软件利用 Gaussian 数学函数进行分峰拟合，保证拟合曲线相关系数 $R^2 = 0.99$，按拟合得到相应峰面积的比例进行定量计算，得到样品相应官能团的相对含量，定量计算公式如式 (2-10)：

$$P_{WN} = \frac{A_{WN}}{A_{all}} \times 100\% \qquad (2\text{-}10)$$

式中　P_{WN}——某一官能团所占比例；

$\quad\quad A_{WN}$——某一波数/化学位移对应的拟合峰面积；

$\quad\quad A_{all}$——整个拟合图谱的峰面积之和。

2.3.8 固体核磁共振分析 (NMR)

采用德国 Bruker 公司 AVANCE Ⅲ 400MHz 仪器对煤样进行 ^{13}C 谱图扫描。取 400mg 粒径为 $0.075\sim 0.15mm$ 样品置于 4mm 二氧化锆转子中，CP-MAS 固体双共振探头，MAS 转速 13.5kHz，弛豫时间 2s，接触时间 8ms，采样次数 2k 次。对所得实验数据处理采用 Origin 软件利用 Gaussian 数学函数进行分峰拟合，保证拟合曲线 $R^2=0.99$，按拟合得到相应峰面积的比例进行定量计算，得到样品相应官能团的相对含量，定量计算公式如式（2-10）。

2.3.9 比表面积测试 (BET)

采用 ASAP-2020 型表面积和孔隙分析仪对样品的孔结构参数进行分析。装填 0.3～0.6g 煤焦样品，抽真空后在 300℃ 下对样品脱气 6h，然后回充氮气，冷却称量。利用 BET、BJH 函数计算得到煤焦比表面积及孔容积。

2.3.10 拉曼光谱分析 (Raman)

采用英国 Renishaw 公司生产的 InVia Microscope Raman 拉曼光谱仪对碳结构进行分析。测试条件：激光激发波长为 532nm；曝光时间 10s；激光效率 10%，扫描次数 2 次；CCD 探测器；扫描范围 $100～4500cm^{-1}$。

2.3.11 X 射线光电子能谱分析 (XPS)

采用美国 Thermo-Fisher 公司生产 ESCLAB-250Xi 型 X 射线光电子能谱仪对样品表面元素化学组成进行分析。测试条件为 Al 阳极靶：1486.6eV；束斑直径：$200\mu m$。

数据处理：对样品采集的结合能谱图以 C 1s（284.6eV）为定标标准进行校正，采用 XPS PEAK 专用软件（20% Lorentzian-Gaussian）对样品 XPS 谱图进行分峰拟合。

第3章

胜利褐煤催化气化性能研究

3.1 简介

固有矿物质在褐煤制高氢合成气过程中起到了催化作用，部分学者[1-4]的研究表明固有矿物质对褐煤气化效率、气化产物分布都有一定影响。但褐煤在气化过程中起催化作用的矿物质以何种化学形态存在尚无明确定论。褐煤中的矿物质在热反应过程中除自身发生化学反应外，是否也会与褐煤中有机质发生反应形成新的金属有机质复合体，那么新生成的复合体对水蒸气气化性能是否会产生影响？本章将针对这一观点开展相关研究。

盐酸可以有效地脱除胜利褐煤中的固有活性无机矿物质成分[5,6]，若固有矿物质在热反应过程中依旧以游离的无机矿物质成分存在，则盐酸仍可将其脱除。因此本章以含有固有矿物质的胜利原煤为研究对象，将胜利原煤进行热解反应得到煤焦，继而利用盐酸脱除煤焦的游离矿物质。对胜利原煤、脱矿煤样及脱矿煤焦样品进行水蒸气气化实验，比较其水蒸气气化性能。同时利用 SEM-EDS 及 XRF 表征手段对脱矿煤焦样品中金属组分含量进行分析。考察煤中固有矿物质在热解过程中的赋存状态，及其对胜利褐煤水蒸气气化的影响。

3.2 研究方法

本章选用 0.075～0.15mm 粒径范围内的 SL 煤样，煤焦的制备方法同 2.1.4 节，热解终温设定为 300℃、500℃与 700℃，得到煤焦样品；煤焦样品利用盐酸将游离矿物质洗脱（同 2.1.1

节），得到脱矿焦样，分别命名为 SL-300$^+$、SL-500$^+$ 与 SL-700$^+$，实验样品的工业分析结果见表 3-1。

表 3-1　胜利褐煤与脱矿焦样品收率及工业分析结果

样品	焦收率/%	A$_d$ 含量/%	V$_d$ 含量/%	FC$_d$ 含量/%
SL	—	11.34	39.70	48.96
SL$^+$	—	6.05	40.62	53.33
SL-300$^+$	60.5	7.27	37.90	54.84
SL-500$^+$	49.9	7.00	30.39	62.61
SL-700$^+$	46.9	13.32	14.86	71.82

注：A 指灰分；V 指挥发分；FC 指固定碳；d 为干基。

表 3-1 为胜利褐煤与脱矿焦样品收率及工业分析结果，随着热解温度的提高，煤焦样品收率降低，可说明胜利煤中更多的有机质随着热解温度的提高被分解。SL$^+$ 样品灰分（A$_d$）较 SL 样品下降了 46.6%，这是由于盐酸溶液可以有效洗脱一些煤中硫酸盐及碳酸盐等可溶性的矿物质成分[7]。热解温度低于 500℃，SL-300$^+$ 及 SL-500$^+$ 样品中灰分较之 SL 样品下降了约 40%，略高于 SL$^+$ 样品灰分；当热解温度达到 700℃，SL-700$^+$ 灰分含量高于 SL 煤样，是 SL$^+$ 样品灰分含量的 2.2 倍。灰分的主要来源为煤中的固有矿物质，因而可以说明煤中固有的矿物质随着热解温度的提高，部分矿物质不可再被盐酸溶液脱除。

热解温度高于 500℃对胜利褐煤的挥发分（V$_d$）及固定碳（FC$_d$）含量影响较大，SL-300$^+$ 样品的挥发分及固定碳含量与 SL 煤样基本一致，而 SL-500$^+$ 及 SL-700$^+$ 煤样挥发分较 SL 煤样下降 23.5% 及 62.6%，伴随着挥发分的下降，煤焦中固定碳含量（FC$_d$）相对提高。

3.3 催化气化反应性能

3.3.1 合成气生成速率

图 3-1 为胜利褐煤与脱矿焦样品水蒸气气化合成气生成速率曲线。为方便比较气化起始温度，以合成气生成率曲线上升到 1/2 处的点为切点做切线，切线与 x 轴相交点处的温度定义为气化起始温度。SL 样品气化起始温度为 597℃，合成气瞬时生成速率最大时的温度为 693℃，气化主反应温区在 600～750℃，合成气以 H_2 和 CO_2 为主，当气化温度达 850℃时合成气中 H_2 生成速率仅为 0.08mmol·g^{-1}（基于干燥基样品中固定碳算出的，余同），说明气化反应基本已经结束，SL 样品已基本反应完全；而 SL^+ 样品气化起始温度为 655℃，当气化温度达到 850℃时合成气中 H_2 瞬时生成速率最大值为 0.69mmol·g^{-1}，仍远小于 SL 煤样在 693℃时的瞬时生成速率（1.75mmol·g^{-1}），合成气主要以 H_2 和 CO 为主。由此可以看出，固有矿物质对胜利褐煤气化合成气瞬时生成速率曲线的生成温区及瞬时气体组成都有较大影响。

脱矿煤焦样品较之 SL 煤样都存在两个气化反应温区，第一反应温区为 600～750℃，第二反应温区为 750～850℃，且随着炼焦温度的提高，第二反应温区合成气化生成速率随之降低。$SL-300^+$ 煤样气化起始温度为 635℃，第一反应温区峰值为 720℃，合成气主要以 H_2 和 CO_2 为主；第二反应温区峰值为 835℃，合成气组成发生变化，主要以 H_2 和 CO 为主。随着炼焦温度继续提高，$SL-500^+$ 与 $SL-700^+$ 样品气化起始温度分别降低到 616℃和 608℃，合成气最大生成速率温度也分别为 712℃和 705℃。由此可看出，随着炼焦温度的提高，在第一气化反应温区，合成气中 H_2 生成速率越来越大；而在第二气化反应温区，合成气中 H_2 最大生成速率越来越低，也就是说随着炼焦温度的提高，气化主反应温区向低温区移动。

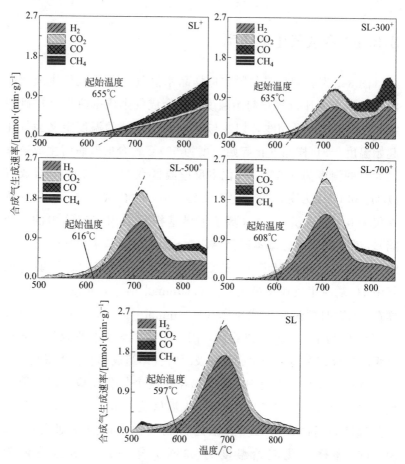

图 3-1　胜利褐煤与脱矿焦样品水蒸气气化合成气生成速率

3.3.2　碳转化率及反应速率

由图 3-2 胜利褐煤与脱矿焦样品水蒸气气化过程碳转化率表

明随着气化温度的升高，碳转化率逐渐升高。当碳转化率达到50％时，SL$^+$、SL-300$^+$、SL-500$^+$、SL-700$^+$和 SL 样品对应的温度分别为819℃、785℃、682℃、731℃和712℃，相同转化率下 SL 样品所需的气化温度较 SL$^+$低了约100℃。SL 样品的碳转化率曲线变化明显的气化温度区间为 625～725℃，过了725℃后碳转化率随温度升高增长缓慢，SL$^+$样品碳转化率增加明显的温度区间为 700～850℃。当气化温度达到850℃，SL$^+$样品转化率为 69.4％，而此时 SL 样品转化率为98.5％，进一步证明了被盐酸脱除的矿物质对胜利褐煤水蒸气气化起到催化作用，且效果显著。脱矿煤焦样品在气化温度达850℃时，SL-300$^+$、SL-500$^+$与SL-700$^+$样品碳转率分别为81.9％、90.7％与95.7％，都高于SL$^+$样品，说明随着炼焦温度的提高，酸洗脱矿对其碳转化率的影响越来越不显著。

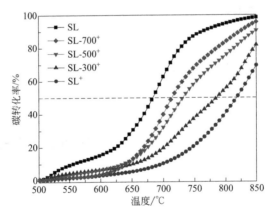

图 3-2　胜利褐煤与脱矿焦样品水蒸气气化过程碳转化率

胜利褐煤与脱矿焦样品水蒸气气化过程碳瞬时反应速率随气化温度的变化曲线如图 3-3，在气化反应温区 600～720℃，所有样品的反应速率都在增加，720℃以后 SL-300$^+$、SL-500$^+$、SL-700$^+$和 SL 煤样反应速率都开始迅速下降，而 SL$^+$继续缓慢上升。当气化温度达到 720℃，SL 煤样气化碳反应速率（$0.0248min^{-1}$）比 SL$^+$ 煤样（$0.0024min^{-1}$）高了约 10 倍，SL 与 SL$^+$ 煤样仅因矿物质的洗脱就有如此差别，表明气化温度在 600～770℃ 碳转化率与矿物质作用有关。

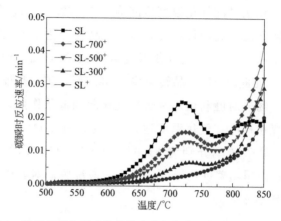

图 3-3　胜利褐煤与脱矿焦样品水蒸气气化过程碳瞬时反应速率

酸洗脱煤焦样品气化温度为 600～770℃ 时也体现了与 SL 煤样相似的规律，且随着炼焦温度的提高，碳反应速率曲线的峰值 SL-700$^+$＞SL-500$^+$＞SL-300$^+$，可以间接地证明煤焦样品经过酸洗未能完全将催化反应的矿物质完全洗脱出去，且炼焦温度越高，结合工业分析（表 3-1）中灰分数据可知矿物质赋存在煤焦中的量也在增加。当气化温度高于 775℃，SL-300$^+$、SL-500$^+$ 与 SL-700$^+$ 的反应速率又开始迅速上升，上升的速率也高于 SL$^+$，因而认为热解温度与矿物质协同作用对未反应碳组分的转化速率仍然具有促进效应。

3.3.3　合成气产率及 H$_2$/CO 值

气化温度达到 850℃，胜利褐煤与脱矿焦样品水蒸气气化合成气（H_2、CO_2、CO 和 CH_4）产率如图 3-4，因 CH_4 在 5 个煤样中产率都相对较低，因此本书不再对其进行详细阐述。SL 样品总合成气产率略低于 SL-700+，但比 SL+ 煤样高 106.8mmol·g^{-1}，其 H_2 与 CO_2 的产率分别为 153.1mmol·g^{-1} 与 59.7mmol·g^{-1}，远高于 SL+ 样品，但 CO 产率为 4.3mmol·g^{-1}，仅为 SL+ 样品 CO 产率的 10.1%。由此可以看到，固有矿物质有助于提高胜利褐煤气化合成气中 H_2 与 CO_2 产率，降低 CO 的产率。

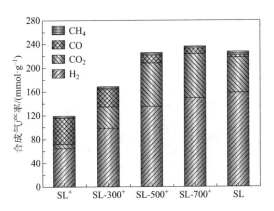

图 3-4　胜利褐煤与脱矿焦样品水蒸气气化合成气产率

SL+ 样品的 H_2、CO_2 与 CO 的产率分别为 64.0mmol·g^{-1}、7.10mmol·g^{-1} 与 43.4mmol·g^{-1}，而 SL-300+、SL-500+ 与 SL-700+ 煤样的 H_2 产率分别为 97.9mmol·g^{-1}、135.0mmol·g^{-1} 与 149.6mmol·g^{-1}，是 SL+ 样品气体产率的 1.5 倍、2.1 倍与 2.3 倍；同时三者 CO_2 产率分别为 36.4mmol·g^{-1}、72.7mmol·g^{-1} 与 73.6mmol·g^{-1}，是 SL+ 样品气体产率的 5.2 倍、10.4 倍与 10.5 倍；但三者 CO 产率分别为 30.7mmol·g^{-1}、13.7mmol·g^{-1} 与 10.1mmol·g^{-1}，是 SL+ 样品 CO 产量的 70.7%、31.6% 与 23.3%。随着炼焦温度的增加，总合成气产率 SL-700+ > SL-500+ > SL-300+，且比 SL+（115mmol·g^{-1}）高了 118mmol·g^{-1}、

$106mmol \cdot g^{-1}$ 与 $50mmol \cdot g^{-1}$，由此可见炼焦温度对脱矿胜利褐煤合成气产率有促进作用，随着炼焦温度的增加，合成气中 H_2 与 CO_2 产率增加，CO 产率降低。

胜利褐煤与脱矿焦样品水蒸气气化累积合成气组成比例如图 3-5 所示。SL 样品气化合成气中 H_2 所占比例高达 69.5%、CO_2 为 26.3%、CO 为 1.9%，而 SL^+ 样品气化合成气中 H_2、CO_2 与 CO 所占比例分别为 54.2%、5.9% 与 36.5%。由此可见，固有矿物质使得胜利褐煤合成气组成中有更高比例的 H_2 与 CO_2，更低占比的 CO，使得 SL 样品合成气中累积 H_2/CO 值（36.6）远高于 SL^+ 样品（1.5）。

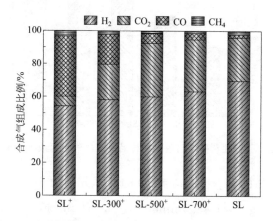

图 3-5　胜利褐煤与脱矿焦样品水蒸气气化合成气组成比例

随炼焦温度提高，酸洗脱矿焦样气化合成气中的 H_2 与 CO_2 占总合成气的比例逐渐升高，CO 比例逐渐下降，炼焦温度对合成气组成产生影响，使得合成气累积 H_2/CO 值随着炼焦温度的提高而增大。合成气中较高的 H_2/CO 值意味着可以省略或简化甲烷重整与水煤气变换反应等后续工艺，大大提高了煤基气化合成气的商业应用潜质[8]。

图 3-6 为水蒸气气化过程中瞬时 H_2/CO 值随着气化温度的

变化曲线。在整个气化温区内，SL$^+$煤样 H$_2$/CO 比值一直较低（<2.9），远小于 SL 煤样。SL 煤样在 600～700℃ 及 700～750℃ 的瞬时 H$_2$/CO 值较其他样品均高，说明胜利褐煤中固有矿物质对增 H$_2$ 降 CO 有明显促进作用。SL-300$^+$、SL-500$^+$ 与 SL-700$^+$ 样品达到最大 H$_2$/CO 值的温度分别为 700℃、670℃、664℃ 与 646℃，随着炼焦温度的提高，脱矿焦样达到最大 H$_2$/CO 值温度下降，最大 H$_2$/CO 值增加。

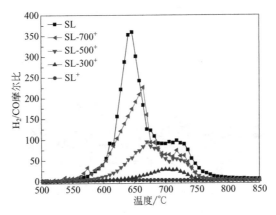

图 3-6　胜利褐煤与脱矿焦样品水蒸气气化过程瞬时 H$_2$/CO 比值

　　通过瞬时 H$_2$/CO 值随反应温度变化的曲线，可以基于高 H$_2$/CO 比值所对应的温区，控制煤样在对应反应温区进行气化反应，促进 H$_2$ 的生成，抑制 CO 的生成，进而调控合成气组成，达到制备高氢合成气的目的。

3.4　胜利褐煤物理化学性质

　　采用 SEM-EDS 观察煤焦表面形态且定量分析样品中元素含量，测试装置和方法同 2.2.4 节；采用 XRF 分析煤焦中金属元素含量分布，测试装置和方法同 2.2.5 节。

3.4.1 形貌分析

由图 3-7 煤样的 SEM 图片可以看到煤样的形貌以片层状为主，盐酸洗脱与炼焦过程对煤的形貌影响不大，SEM 图片中衬度较亮的被认为是无机矿物质成分[9]。扫描电镜测试的同时用 EDS 对煤样中的主要元素进行定性及定量的分析，如图 3-7。SL 样品中存在 C、O、S、Mg、Al、Si 与 Ca 等元素，经过盐酸洗脱的 SL+ 煤样，大部分金属阳离子除 Si 和 Al 都被洗脱除去。当煤样经过热解炼焦之后，SL-300+ 煤样的 EDS 谱图元素种类与

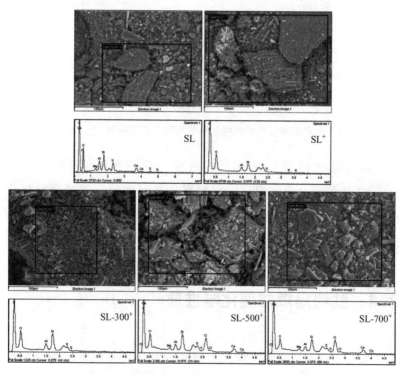

图 3-7 胜利褐煤与脱矿焦样品 SEM-EDS 图谱

SL^{+} 样品一致，但含量略有升高，$SL-500^{+}$ 及 $SL-700^{+}$ 煤样的能谱元素种类与 SL 煤样相同，Mg、Ca 等金属元素未被盐酸洗脱除去，可说明经过热处理的煤焦样品，Mg、Ca 等金属组分不再以可溶于盐酸的形态存在。

3.4.2 金属组分分析

为了进一步确定矿物质含量对煤样进行 XRF 定量分析（以金属元素氧化物为标准样），结果如表 3-2 及图 3-8 所示。由图 3-8 所示实验样品中所有金属元素的质量百分含量总和与其相应灰分（表 3-1）含量基本保持一致，以 SL 样品为例，XRF 测试所有原子百分含量总和为 9.12%，其灰分含量为 11.34%，因煤中灰分除金属氧化物外，还有金属之间相互反应形成的硅铝酸钠等物质，因此工业分析测试结果略高于 XRF 测试结果。

表 3-2　胜利褐煤与脱矿焦样品中金属成分比例

样品	Ca 含量 /%	Si 含量 /%	Al 含量 /%	Fe 含量 /%	K 含量 /%	Na 含量 /%	Mn 含量 /%
SL^{+}	0.254	4.45	0.471	0.294	0.062	0.038	0.019
$SL-300^{+}$	0.385	4.36	0.491	0.294	0.062	0.011	0.019
$SL-500^{+}$	0.669	4.73	0.553	0.358	0.083	0.011	0.020
$SL-700^{+}$	4.270	5.94	0.746	0.255	0.034	0.044	0.049
SL	4.199	4.00	0.474	0.319	0.062	0.071	0.052

SL 样品中相对含量较高的主要为 Si、Ca、Al 与 Fe 元素，这与图 3-7 SEM-EDS 测试结果基本一致。SL^{+} 样品中金属组分较 SL 样品含量下降最为明显的是 Ca，94.0% 左右的 Ca 组分被盐酸洗脱除去；其次 Mn、Na 与 Fe 的含量较之 SL 煤样下降了 63.5%、46.5% 与 7.8%；而 Si、Al 与 K 的含量基本变化不大。结合水蒸气气化性能测试结果，对水蒸气气化影响较大的金属组

分可能是这部分被大幅度洗脱的碱土金属（Ca）、碱金属（Na）与过渡金属（Fe、Mn）。

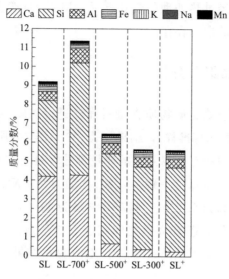

图 3-8　胜利褐煤与脱矿焦样品 XRF 分析金属组分比例

经盐酸洗脱煤焦样品的 XRF 测试结果也呈现了不同程度的变化，随着热解温度的提高，Si、Ca、Al、Na、Mn 含量都有不同程度的升高，其中 Ca 在热解温度达到 700℃时含量明显增大，与 SEM-EDS 结果一致（图 3-7）。说明在热解过程中部分矿物质与煤中有机质结合，形成了新的不能被盐酸洗脱的结合体，使得促进胜利褐煤水蒸气气化的金属组分被赋存在煤焦的结构中，其中以钙的含量变化最为明显。在胜利褐煤水蒸气气化过程中钙催化作用尤为突出，这也在相关文献报道及作者参与的前期研究中得到验证[6]。

3.5　小结

水蒸气气化一般用如下化学反应方程式表示：

$$C+H_2O \longrightarrow CO+H_2 \qquad \Delta H = 118.9 kJ/mol \qquad (3-1)$$

$$CO+H_2O \longrightarrow CO_2+H_2 \qquad \Delta H = -45.2 kJ/mol \qquad (3-2)$$

气化合成气中的 CO 主要由煤中碳组分与水蒸气的直接气化产生式 (3-1)，且此反应为吸热反应，因而反应温度提高有利于生产 CO，而式 (3-2) 水煤气变换反应为放热反应，从热力学角度看反应温度越低越有利于 CO_2 的生成。

由 SL 样品的水蒸气气化合成气瞬时生成速率曲线 (图 3-3)、合成气组成 (图 3-5) 以及 H_2/CO 比值随反应温度变化曲线 (图 3-6) 可以看到，矿物质的存在有利于气化反应在中低温区 (650～750℃) 进行，因而促进了更多的 CO 转化为 CO_2。脱除矿物质的 SL^+ 样品只能通过提高反应温度才能提高反应速率，但这抑制了 CO 向 CO_2 的转化，造成合成气中 CO 比例增加，进而导致 H_2/CO 比值迅速下降。H_2/CO 较高的合成气可以减轻变换反应等后续工序的负荷，这也是尽可能在低的温度下进行气化反应的工业要求。

通过对酸洗脱煤焦样品的水蒸气气化性能分析可以看出，在热化学反应过程中，固有矿物质对水蒸气气化起到了催化作用，同时也与热解炼焦温度息息相关。随着炼焦温度的提高，SEM-EDS 与 XRF 分析结果都显示，煤样中部分金属组分不能再被盐酸洗脱，热解温度达 700℃ 时，所得煤焦中金属组分含量和种类都显著增多，且水蒸气气化性能较之 SL^+ 有较大的提升。这就说明在热解过程中一部分活性矿物质如 Ca、Na 等在煤中的存在形态发生变化，很可能是与煤的有机质结构形成了有机金属复合体 (M-matrix complxes)，这种大分子有机金属复合体使得金属组分以较强的结合形态赋存在煤焦中，这类物质很难被盐酸洗脱除去，对煤样水蒸气气化起到显著的促进作用。随着炼焦温度的提高，更多的 "M-matrix complxes" 结构形成，促使有效的催化成分提高。

作者所在课题组前期研究结果发现不同金属组分中以钙催化效果最佳,结合 XRF 分析(表 3-2 与图 3-8)也发现在脱矿焦样中,以钙的含量变化最为显著,SL-700$^+$ 样品中钙含量与 SL 样品基本一致,同时在水蒸气气化性能方面 SL-700$^+$ 与 SL 样品也最为接近。因此可初步认为在"M-matrix complxes"结构中包含"Ca-matrix complxes"结构体,且其可能在水蒸气气化过程中起到了重要的催化作用[10]。

参考文献

[1] Quyn D. M., Wu H., Hayashi J. I., et al. Volatilisation and catalytic effects of alkali and alkaline earth metallic species during the pyrolysis and gasification of Victorian brown coal. Part IV. Catalytic effects of NaCl and ion-exchangeable Na in coal on char reactivity [J]. Fuel, 2004, 82 (5): 587-593.

[2] Zhang S., Hayashi J. I., Li C. Z.. Volatilisation and catalytic effects of alkali and alkaline earth metallic species during the pyrolysis and gasification of Victorian brown coal. Part IX. Effects of volatile-char interactions on char-H_2O and char-O_2 reactivities [J]. Fuel, 2011, 90 (4): 1655-1661.

[3] 李春柱. 维多利亚褐煤科学进展 [M]. 北京:化学工业出版社,2009.

[4] Mims C. A., Pabst J K. Alkali-catalyzed carbon gasification. I. Nature of the catalytic sites [J]. Am Chem Soc, Div Fuel Chem, 1980, 25: 3.

[5] Song Y., Feng W., Li N., et al. Effects of demineralization on the structure and combustion properties of Shengli lignite [J]. Fuel, 2016, 183: 659-667.

[6] Li Y., Zhou C. L., Li N., et al. Production of high H_2/CO syngas by steam gasification of Shengli lignite: catalytic effect of inherent minerals [J]. Energy & Fuels, 2015, 29 (8): 4738-4746.

[7] 石金明,向军,胡松,等. 洗煤过程中煤结构的变化 [J]. 化工学报,2010,61 (12): 3220-3227.

［8］姜明泉. 煤焦碱金属催化水蒸气气化-产氢行为和催化剂性能的研究 ［D］. 上海：华东理工大学，2013.

［9］宋银敏，刘全生，滕英跃，等. 胜利褐煤矿物质脱除及其形貌变化的研究 ［J］. 电子显微学报，2012，31（6）：523-528.

［10］Li N，Li Y，Liu Q. S.，et al. Direct production of high hydrogen syngas by steam gasification of Shengli lignite/chars：remarkable promotion effect of inherent minerals and pyrolysis temperature ［J］. International Journal of Hydrogen Energy，2017，42（9）：5865-5872.

第4章

胜利褐煤钙催化效应的影响

4.1 简介

　　煤中固有矿物质在热化学反应过程中与煤形成"M-matrix complxes"，可有效地催化水蒸气气化。SL 样品的各金属组分中钙组分含量较高，且随着炼焦温度提高钙组分的含量变化也最为显著。在前期的工作中，已确认在胜利褐煤固有矿物质中的金属组分中，钙的催化效果最为显著，因此本章选择钙作为催化水蒸气气化反应的金属组分（M），分析其在胜利褐煤水蒸气气化过程中实现催化效应的关键原因。

　　胜利褐煤结构中富含链烷烃、芳香烃、碳氧支链等结构，对其在惰性气氛下进行提质炼焦，可使褐煤自身发生反应，易反应的轻质碳组分如含氧官能团及脂肪侧链随热解温度的提升裂解为气相后被释放[1-3]。利用热解终温的改变，可促使胜利褐煤有机质（matrix）的结构组成发生变化，在不同热解终温下可得到不同结构组成的煤焦样品，对其不同有机结构的焦样进行钙组分的添加，探讨有机质结构的变化对钙催化效应的影响。

　　本章首先通过水蒸气气化性能的比较，对钙组分掺杂在 SL^+ 样品中的反应条件进行优选，包括钙化合物的优选及添加量的优化；其次对不同结构组成的胜利褐煤焦掺入钙组分，比较焦样及其掺钙样品水蒸气气化性能的差异，利用 FT-IR 与 NMR 表征方法对不同热解终温所得焦样的结构变化进行分析，同时结合 SL^+ 样品热解过程气相产物的逸出规律，解析胜利褐煤与钙结合成"Ca-matrix complxes"活性结构体中的"matrix"具体的结构特征。

4.2 研究方法

4.2.1 钙化合物及钙添加量掺杂制备方法

① 将 $0.075 \sim 0.15mm$ SL^+ 样品 20g 分别与不同钙盐 [$CaCl_2$、$Ca(NO_3)_2$、$Ca(OH)_2$ 及 CaO] 以 Ca 原子质量比占样品的 5% 利用 2.1.3 节浸渍法掺杂在 SL^+ 中，得到相应的钙组分掺杂样品。

② 将钙组分掺杂样品在 1100℃ 下以 2.1.4 节方法制焦，所得煤焦样品记作 SL^+-anion-J（例：SL^+-Cl-J）。

③ 将优选得到的钙盐以 Ca 原子占样品的不同原子质量比（2%、3%、5%、10% 与 20%）利用浸渍法（2.1.3 节）掺杂在 SL^+ 中，得到不同添加量的添钙样品，不同添加量的添钙样品以 2.1.4 节制焦方法制备得相应添 Ca 煤焦样品，分别记为 Ca-2-J、Ca-3-J、Ca-5-J、Ca-10-J 与 Ca-20-J。

4.2.2 制焦及焦后掺杂钙组分制备方法

① 取 20g $0.075 \sim 0.15mm$ 粒径的 SL^+ 样品于固定床反应器中，以 2.1.4 节炼焦条件及方法热解至设定终温（300、500、700、900 与 1100℃），得到 SL^+-T（T 代表热解终温）样品，分别记为 SL^+-300、SL^+-500、SL^+-700、SL^+-900 与 SL^+-1100。

② 以 Ca 原子质量比占样品 5% 的 CaO 以 2.1.3 节浸渍法与 SL^+-T 煤焦样品混合搅拌 12h，烘干得到 SL^+-T-Ca 样品，记为 SL^+-300-Ca、SL^+-500-Ca、SL^+-700-Ca、SL^+-900-Ca 与 SL^+-1100-Ca。

4.3　钙催化效应影响因素

4.3.1　钙化合物优选

由图 4-1 添加不同阴离子钙化合物的气化合成气生成速率曲

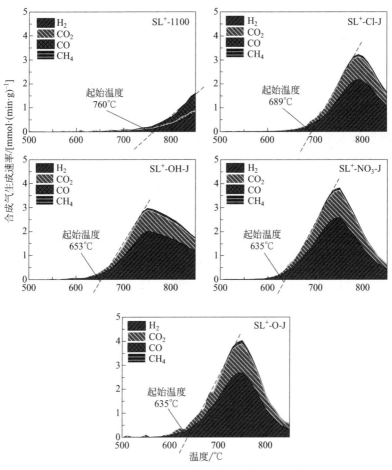

图 4-1　1100℃下胜利脱矿煤焦样品与添钙焦样合成气瞬时生成速率

线可以看到，SL^+-1100 样品气化起始温度为 760℃，水蒸气气化温度达 850℃时合成气瞬时生成速率还未达到极值，主要组成以 H_2 和 CO 为主；不同阴离子钙盐的添入都能有效降低水蒸气气化起始温度，在 4 种钙盐中 $CaCl_2$ 催化效果最差，但较之 SL^+-1100 样品其起始温度及最大生成速率温度均下降了约 70℃；$Ca(OH)_2$、$Ca(NO_3)_2$ 与 CaO 的掺杂对样品的水蒸气气化都表现出很好的催化效果，SL^+-OH-J、SL^+-NO_3-J 与 SL^+-O-J 煤焦样品气化起始温度较之 SL^+ 低 100℃以上，气化温度约在 750℃时合成气生成速率均达到最大值，合成气以 H_2 和 CO_2 为主。

图 4-2 为气化起始温度与合成气最大生成速率温度、气化合成气生成量及气化合成气累积 H_2/CO 比值。由图 4-2 可以看到，SL^+-OH-J、SL^+-NO_3-J 与 SL^+-O-J 煤焦样品气化起始温度与合成气最大生成速率温度基本一致。添加不同钙化合物焦样合成气总生成量基本相同，说明阴离子对合成气产量的影响较小，添加不同钙化合物焦样气化合成气产量较之 SL^+-1100 样品均高约 1.4～1.6 倍。但添加不同钙化合物焦样对 H_2/CO 比值影响较为显著，其 H_2/CO 比值顺序为：SL^+-NO_3-J＞SL^+-O-J＞SL^+-OH-J＞SL^+-Cl-J，且所有添钙煤焦样品的 H_2/CO 比值都远高于 SL^+-1100 样品，SL^+-Cl-J 样品在添钙焦样中累计 H_2/CO 比值最小（16.3），仍然是 SL^+-1100 样品 H_2/CO 比值的 13 倍。说明钙组分的添入可有效促进煤样水蒸气气化制高氢合成气。

相对于钙化合物阴离子的影响，钙对胜利褐煤水蒸气气化直接制高氢合成气方面的影响占主要因素，不同的钙化合物都可以有效提高胜利水蒸气气化性能。综合添加不同钙化合物钙煤焦样品气化反应性能，发现钙可有效促进胜利褐煤水蒸气气化在较低温区（650～800℃）进行反应，同时可提高气化合成气产量、提高合成气中 H_2 含量及提高合成气 H_2/CO 比值。

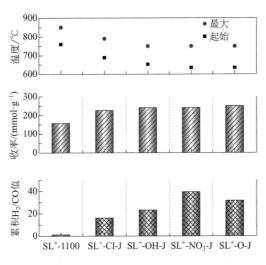

图 4-2　1100℃下胜利脱矿煤焦样品与添钙焦样水蒸气气化性能

4.3.2　钙添加量优化

$Ca(NO_3)_2$ 与 CaO 的添加可更有效地提高煤焦样品水蒸气气化性能，在气化主反应温区、合成气产率及合成气 H_2/CO 比值气化反应性能方面两者的添加起到相同的催化效果。由于 $Ca(NO_3)_2$ 可能将氮元素引入样品中，因而在本节选择 CaO 作为胜利褐煤催化水蒸气气化的催化剂，并针对钙的添加量对水蒸气气化的影响进行考察。

图 4-3 为 1100℃下胜利脱矿煤焦样品与添 CaO 焦样合成气瞬时生成速率曲线。由图 4-3 可以看到，SL^+-1100 样品合成气中产率较高的 H_2 与 CO_2 最大生成速率分别为 1.55mmol · $(min · g)^{-1}$ 与 0.59mmol · $(min · g)^{-1}$，Ca-2-J 与 SL^+-1100 样品在最大生成速率方面基本一致；但当钙添加量达到 3% 时，Ca-3-J 样品 H_2 与 CO_2 最大生成速率分别为 2.55mmol · $(min · g)^{-1}$ 与

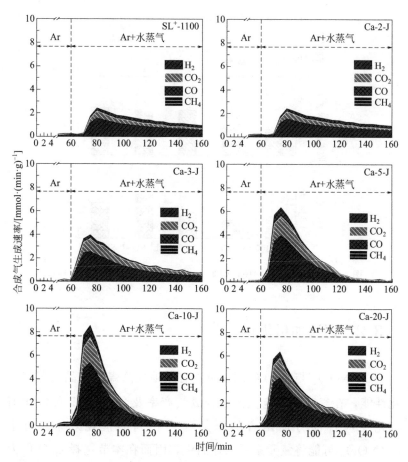

图 4-3　1100℃下胜利脱矿煤焦样品与添加 CaO 焦样合成气瞬时生成速率

1.08mmol·(min·g)$^{-1}$，是 SL$^+$-1100 样品相应气体生成速率的 1.6 倍与 1.8 倍；当钙添加量继续提高到 5%，H$_2$ 与 CO$_2$ 最大生成速率大幅度提高到 3.85mmol·(min·g)$^{-1}$ 与 1.63mmol·(min·g)$^{-1}$，分别是 Ca-3-J 样品对应气体生成速率的 1.5 倍；当钙添加量进一步增加到 10% 时，H$_2$ 与 CO$_2$ 最大生成速率为 5.38mmol·(min·g)$^{-1}$ 与 2.09mmol·(min·g)$^{-1}$，是 Ca-5-J 样品对应气体生成速率的 1.4 倍和 1.3 倍；当添加量提升至 20%

时，H_2 与 CO_2 最大生成速率为 $4.17mmol \cdot (min \cdot g)^{-1}$ 与 $1.66mmol \cdot (min \cdot g)^{-1}$，低于 Ca-10-J 样品的气体最大生成速率。在钙添加量为 $3\%\sim10\%$ 范围内，H_2 最大生成速率逐渐增长，其中 Ca-3-J 样品的钙添加量只比 Ca-2-J 样品提高了 1%，但其气化生成速率却有大幅度增加，这说明在钙的添加量上是有一个阈值，当钙添加量高于这个阈值时钙才能起到有效的催化作用。随着添加量增加至 5% 以上时，最大生成速率提高幅度趋于平缓，最终在 10% 达到了极大值。

图 4-4 为 1100℃下胜利脱矿煤焦样品与添加 CaO 焦样水蒸气气化过程随气化时间变化的碳瞬时反应速率，SL^+-1100 与 Ca-2-J 样品在最大反应速率（$0.009min^{-1}$ 与 $0.010min^{-1}$）和所对应的反应时间基本一致；但钙添加量为 3% 时，Ca-3-J 样品最大反应速率为 $0.015min^{-1}$，是 Ca-2-J（$0.010min^{-1}$）的 1.5 倍，这与合成气生成速率曲线规律一致（图 4-2），由此可认为 3% 的钙添加量是钙起催化作用的阈值。当添加量达到 $5\%\sim10\%$ 时，Ca-5-J 样品与 Ca-10-J 样品碳最大反应速率为 $0.024min^{-1}$ 与 $0.028min^{-1}$，Ca-10-J 样品中钙的添加量已是 Ca-5-J 样品的 2 倍，而 Ca-10-J 样品的碳反应速率较之 Ca-5-J 样品未有成倍的增长，

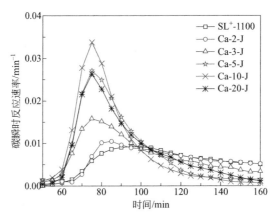

图 4-4　1100℃下胜利脱矿煤焦样品与添加 CaO 焦样水蒸气气化过程碳瞬时反应速率

当添加量继续提高到 20% 时，Ca-20-J 样品碳最大反应速率（0.022min⁻¹）较之 Ca-10-J 样品反而呈现降低趋势，甚至低于 Ca-5-J 样品在相应反应时间下的碳反应速率，当反应时间达到 160min 时，Ca-5-J、Ca-10-J 与 Ca-20-J 样品碳反应速率都趋于零。综上，当气化反应时间在 75min 左右，钙添加量在 3% ~ 10% 范围内，添钙煤焦样品的最大碳反应速率随着钙添加量的增加而增加。钙添加量低于 3%，钙无显著催化作用；添加量高于 10% 则催化效应呈现下降趋势。

图 4-5 为气化反应时间到 160min 时，胜利脱矿煤焦样品与添加 CaO 焦样合成气累积生成量及 H_2/CO 比值。由图 4-5 可以看到，钙添加量对合成气生成量影响较小，添钙样品的合成气累积生成量较之 SL⁺-1100 样品都有所提高。当钙添加量为 10% 时，Ca-10-J 样品合成气生成量略高于其他添钙焦样品，但与 Ca-5-J 合成气生成量基本一致。钙的添加量对合成气累积 H_2/CO 影响较为显著，当钙添加量为 3% 时累积 H_2/CO 比值是 SL⁺-1100 样品的 5.3 倍，添加量继续增加对累积 H_2/CO 影响不再显著，即当钙的添加量达到其起催化作用的阈值 3%，合成气累积

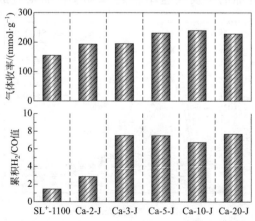

图 4-5　1100℃下胜利脱矿煤焦样品与添加 CaO 焦样水蒸气气化性能

H_2/CO 比值保持在较为稳定的 6.5 左右，不再随添加量的增加而增加。

综合 4.3.1 节及 4.3.2 节内容，发现添加不同含钙物质对胜利褐煤水蒸气气化性能均有较好的催化作用，说明对水蒸气气化反应起催化作用的主要为钙组分。以 CaO 为催化剂，针对钙添加量的考察发现，钙添加量为 10% 的掺杂样品水蒸气气化性能最优，但其钙添加量高于 Ca-5-J 样品 2 倍，碳反应速率较之 Ca-5-J 却没有成倍的提高，且钙添加量为 5% 的煤焦样品与 Ca-10-J 在合成气收率及累积 H_2/CO 值上均基本相同。因此后续研究中，为节省催化剂用量同时也可保证较好的催化气化效果可将钙添加量定为 5%。

4.4 钙催化气化反应性能

已有研究表明[4]，热解过程可以对煤的结构变化产生影响，在不同热解温度下煤的不同结构发生裂解反应，所得煤焦在产率及结构组成上都存在差异[5]。利用热解温度对煤焦结构造成的影响，将脱矿胜利褐煤（SL⁺）在惰性气氛下以不同热解终温进行炼焦，对不同结构煤焦添加钙组分，考察钙对不同结构组成的胜利褐煤焦的水蒸气气化的影响，以揭示胜利褐煤中关键有机质结构对钙催化效应的影响。

胜利煤焦及其添钙样品工业分析结果如表 4-1 所示，随炼焦温度的提高挥发分含量（V_d）降低，固定碳含量（FC_d）增加。炼焦温度高于 500℃，焦样中的挥发分含量大幅度降低，且随着炼焦温度的增高而降低；同时固定碳含量（FC_d）含量随着炼焦温度的提高而升高，其中 SL⁺-500 挥发分仅为 SL⁺ 样品的 37.8%，固定碳含量是 SL⁺ 样品的 1.5 倍。热解焦样添钙后较之其对应未添钙焦样品的灰分（V_d）都增加了 $10\% \sim 12\%$，可以说明钙盐被添入煤焦样品中。

表 4-1　胜利煤焦与煤焦添钙样品工业分析结果

样品	A_d 含量/%	V_d 含量/%	FC_d 含量/%
SL^+/SL^+-Ca	4.01/16.24	45.75/46.65	50.23/37.11
SL^+-300/SL^+-300-Ca	6.52/15.51	34.74/35.02	58.72/49.47
SL^+-500/SL^+-500-Ca	7.85/15.16	17.33/20.07	74.82/64.76
SL^+-700/SL^+-700-Ca	9.20/16.48	5.32/9.03	85.47/74.49
SL^+-900/SL^+-900-Ca	9.55/16.97	2.09/5.16	88.36/77.86
SL^+-1100/SL^+-1100-Ca	8.79/18.03	1.61/4.19	89.59/77.78

注：A 为灰分；V 为挥发分；FC 为固定碳；d 为干基。

4.4.1　合成气生成速率

由图 4-6 胜利煤焦与煤焦添钙样品水蒸气气化合成气瞬时生成速率曲线可以看到，不同热解终温得到的煤焦样品，其气化反应合成气生成速率曲线随气化温度变化逐渐趋势一致，从气化反应开始至气化终温 850℃，合成气生成速率曲线一直呈上升趋势。但不同热解温度得到的煤焦样品的气化反应起始温度有一定差异，SL^+-300、SL^+-500 与 SL^+-700 样品气化起始温度相差在 20℃ 以内；炼焦温度为 900℃ 得到的煤焦样品 SL^+-900，其气化起始温度较 SL^+ 样品升高约 70℃。当炼焦温度继续提高，SL^+-1100 样品水蒸气气化起始温度为 768℃，较 SL^+ 提高了 113℃，说明 SL^+ 样品在高温炼焦过程中煤结构更加稳定且有序，焦气化反应活性降低[6,7]。有学者认为[8,9]，当热解温度超过 500℃ 时褐

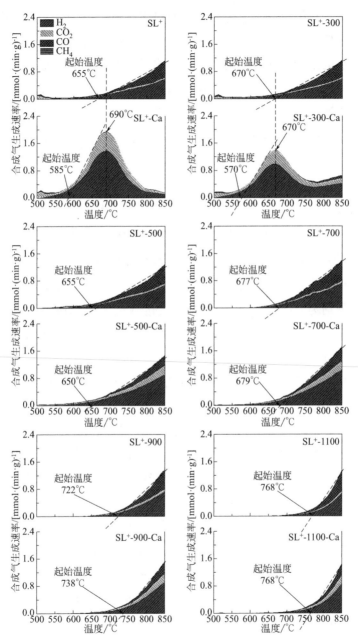

图 4-6　胜利煤焦与煤焦添钙样品水蒸气气化合成气瞬时生成速率

煤开始进行缩聚反应，随着温度的提高煤焦芳香度增大、无序化程度降低、稳定性增强，因而水蒸气气化性能随之降低，也就是说煤焦的结构变化在一定程度上影响了其气化反应性能。

不同热解温度所制的焦样添加钙组分后，其水蒸气气化合成气生成速率曲线随气化温度的变化也不同。SL^+-Ca 与 SL^+-300-Ca 样品在气化反应温度低于 690℃时，合成气生成速率迅速上升至最大；当气化反应温度高于 690℃，其生成速率开始迅速下降；当达到气化反应终温 850℃时，SL^+-Ca 与 SL^+-300-Ca 样品气化合成气中 H_2 生成速率为 $0.10mmol \cdot g^{-1}$ 与 $0.42mmol \cdot g^{-1}$。SL^+-Ca 与 SL^+-300-Ca 样品气化主反应温区在 600～750℃，合成气以 H_2 和 CO_2 为主，较之对应未添钙的 SL^+ 与 SL^+-300 样品的气化生成速率曲线有显著区别。SL^+ 与 SL^+-300 样品气化起始温度分别为 655℃与 670℃，合成气达到最大生成速率的气化温度为 850℃，合成气以 H_2 和 CO 为主；而 SL^+-Ca 与 SL^+-300-Ca 气化起始温度为 585℃与 570℃，比相应温度下未添钙焦样气化起始温度低约 100℃以上。由此，钙可有效降低 SL^+ 与 SL^+-300 样品的气化反应温区。

当炼焦温度提高到 500℃，SL^+-500-Ca 与 SL^+-500 样品的合成气生成速率曲线规律性一致，随着气化温度的提高，生成速率缓慢升高，到反应终温 850℃时合成气生成速率在整个气化反应过程中达到了最大值。两者气化起始温度仅差 5℃，合成气最大生成速率所对应的温度一致，因而钙在 SL^+-500 样品水蒸气气化过程中不再能有效地降低气化反应温区。随着炼焦温度继续提升，胜利焦样与焦样添钙样品合成气生成速率随气化温度变化曲线规律性一致，即钙对 SL^+-700、SL^+-900 与 SL^+-1100 煤焦样品气化反应的促进作用基本消失，仅是添钙样品的 CO_2 生成速率较相应未添钙煤焦略有提高。

4.4.2　气化反应速率

图 4-7 为 SL$^+$-T 与 SL$^+$-T-Ca 样品的气化碳反应速率随温度变化的曲线。

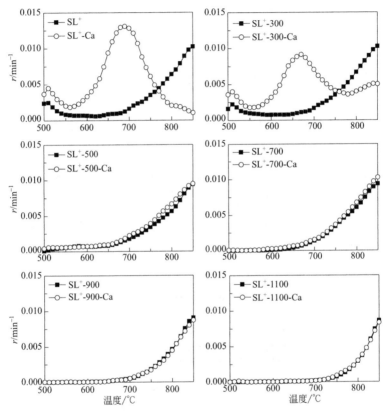

图 4-7　胜利煤焦与煤焦添钙样品水蒸气气化过程碳反应速率

由图 4-7 可以看到，SL$^+$ 与 SL$^+$-Ca 样品碳反应速率在 700℃以前达到了最大值，较其相应未添钙样品，最大反应速率温度低约 150℃，钙在对煤焦样品（炼焦温度＜300℃）中碳反应速率影响显著。当炼焦终温提高到 500℃，SL$^+$-500 与 SL$^+$-500-Ca 气化碳反应速率变化曲线基本重合，主要反应温区一致。随着炼焦温度的提高，钙对 700℃、900℃和 1100℃焦样的碳反应速率基本不产生影响，煤焦样品及其对应的添钙样品的碳反应速率在整个气化反应过程中，随着气化反应温度的提高而增大，在气化反应设定终温达到了最大值。当炼焦温度高于 500℃时，炼焦温度越高，煤焦的碳反应速率起始温度越高，因为炼焦温度越高造成其焦样反应活性越差，同时焦后添钙的催化效果也越差。

4.4.3　合成气累积产率及 H_2/CO

图 4-8 为胜利煤焦与煤焦添钙样品水蒸气气化合成气累积生成量。煤焦添钙样品 SL^+-T-Ca 与对应煤焦样品 SL^+-T 相比，总合成气累积量中 H_2 与 CO_2 都略高，CO 略低，钙的添加对合成气的组成还是有一定影响。炼焦温度在 300～700℃时 SL^+-T 样品合成气累积量随炼焦温度升高而提高，但在炼焦温度高于 700℃时，无论是各组分（H_2、CO_2、CO 与 CH_4）的累积含量还是总合成气累积量变化都很小。

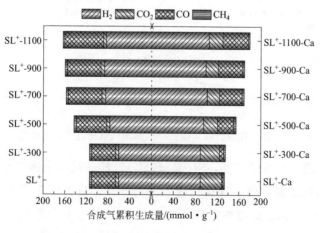

图 4-8　胜利煤焦与煤焦添钙样品水蒸气气化合成气累积生成量

随着炼焦温度的提高 SL$^+$-T 样品合成气累积量增大，钙对不同焦样的合成气组分影响不同。SL$^+$-Ca 与 SL$^+$-300-Ca 样品气化合成气以 H_2 与 CO_2 为主，CH_4 和 CO 分别仅占合成气总量的 1.58% 及 5.45%。SL$^+$-500-Ca 合成气此时以 H_2 与 CO 为主，CO 累积生成量占 19.27%，随炼焦温度继续提高（700℃、900℃和1100℃），脱矿物质添钙焦样合成气中 H_2 比例进一步降低，CO 比例继续提高。因此，当炼焦温度高于 500℃ 时，钙对煤焦样品的气化制高氢合成气不再具有显著的催化作用。

SL$^+$-T 与 SL$^+$-T-Ca 样品水蒸气气化累积 H_2/CO 值如图 4-9 所示，SL$^+$-T 样品所生成合成气中 H_2/CO 值为 1.10～1.37，表明炼焦温度对 SL$^+$-T 样品所生成合成气中 H_2/CO 的影响很小，即所有 SL$^+$-T 样品 H_2/CO 基本一致，也充分说明煤焦有机质组成结构变化对水蒸气气化所制合成气组成没有太大的影响。SL$^+$-Ca、SL$^+$-300-Ca 及 SL$^+$-500-Ca 所产合成气中 H_2/CO 值分别为 42.5、12.2 和 3.2，表明炼焦温度低于 500℃时，随炼焦温度的提高，煤焦添钙样品 SL$^+$-T-Ca 所产合成气中 H_2/CO 值迅速下降，但在炼焦温度升到 500℃ 以上时，所产合成气中 H_2/CO 值变化很小，保持在 2.2～2.4 之间，进一步说明，当炼焦温度达到 500℃ 以上，钙对焦样的水蒸气气化性能影响较小。

SL$^+$-Ca 及 SL$^+$-300-Ca 累积 H_2/CO 分别是 SL$^+$ 与 SL$^+$-300 的 42.3 倍与 9.24 倍，而 SL$^+$-500-Ca 累积 H_2/CO 仅为 SL$^+$-500 的 2.34 倍，表明炼焦温度低于 500℃时，煤焦添钙后合成气累积 H_2/CO 明显高于相应的未添钙焦样，且随炼焦温度的提高，添钙对累积 H_2/CO 值的影响逐渐降低，即钙组分仅对炼焦温度低于 500℃的焦样起到明显的催化作用。

综和比较胜利焦样及焦样添钙样品的水蒸气气化性能，可以推测 SL$^+$ 样品在热解温度低于 500℃ 的反应过程中被分解的组分对钙催化胜利褐煤水蒸气气化起到关键作用，即胜利褐煤中只有存在这一部分物质，添加的钙与其相互作用后，才能降低胜利褐煤水蒸气气化的起始温度与反应温区，并提高其气化合成气中H_2的生成速率。

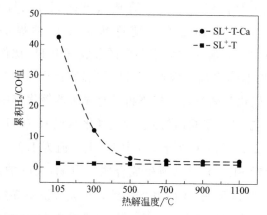

图4-9　胜利煤焦与煤焦添钙样品水蒸气气化合成气累积H_2/CO值

4.5　钙改性褐煤物理化学性质

炼焦温度为500℃时，Ca对SL^+-500样品水蒸气气化性能影响不再显著增加，可认为热解温度在105～500℃区间，SL^+分解的固相结构与钙催化水蒸气气化息息相关，因此将着重分析SL^+与SL^+-500样品的结构变化，以确定煤样中哪部分有机质结构对钙催化水蒸气气化起到关键作用。

4.5.1　官能团分析

图4-10（a）为脱矿胜利褐煤不同炼焦温度所制焦样的红外图谱，3200～3650cm^{-1}归属为羟基缔合峰，因煤结构复杂性及大量氢

键的存在，又可认为分别属于自由羟基（3620cm^{-1}）、羟基-π（3515cm^{-1}）、自缔合羟基（3400cm^{-1}）、羟基醚氧（3300cm^{-1}）、环状紧密缔合羟基（3200cm^{-1}）等[10]。随炼焦温度的提高，羟基缔合峰强度降低，半峰宽度减小，说明氢键缔合的种类和数量随炼焦温度升高而减少。2920cm^{-1}及2840cm^{-1}附近为脂肪结构的甲基和亚甲基（—CH$_3$、—CH$_2$）伸缩振动峰；1700cm^{-1}归属于游离羧酸官能团的碳氧双键（C=O）；1040cm^{-1}、1220cm^{-1}、1283cm^{-1}归属于脂肪醚、羟基醚与脂肪醚键（C—O）。随着炼焦温度的提高，煤焦样品中碳氧双键（C=O）官能团强度降低，当炼焦温度达700℃时，C=O伸缩振动峰消失；同样随炼焦温度的提高，甲基和亚甲基（—CH$_3$、—CH$_2$）伸缩振动峰位发生变化，且峰强度降低；同时1000～1300cm^{-1}区间的峰形与峰位置也发生较大变化。当炼焦温度高于700℃时，SL$^+$-700的FT-IR谱图相对SL$^+$样品较为简单，只存在1600cm^{-1}芳环的碳碳（C—C）伸缩振动以及1360cm^{-1}羟基（—OH）弯曲振动，以及样品中未被盐酸溶液脱除的SiO$_2$在1100cm^{-1}处的硅氧键（Si—O）伸缩振动。

由图4-10（b）可以看到SL$^+$与SL$^+$-500样品的红外谱图变化较明显的区域为2800～3000cm^{-1}的—CH$_3$、—CH$_2$—伸缩振动及1350～1800cm^{-1}的C=O及芳香结构的C—C伸缩振动。将这两个波数区间的图谱进行分峰拟合[3,11,12]，拟合图谱见图4-11，拟合所得峰归属及峰参数见表4-2。

图4-11为脂肪烃伸缩振动拟合图谱，SL$^+$-500较之SL$^+$样品脂肪结构红外谱图变化较大，SL$^+$中存在2960cm^{-1}处的—CH$_3$反对称伸缩振动（υ_{as}）及2880cm^{-1}处的R$_3$CH的对称伸缩振动（υ_s），其中以2920cm^{-1}的—CH$_2$—反对称伸缩振动及2850cm^{-1}对称振动为主，分别占总脂肪结构的39.7%与25.8%，—CH$_2$—/—CH$_3$比值为6.85，在甲基、亚甲基伸缩振

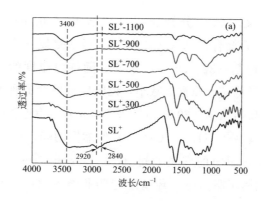

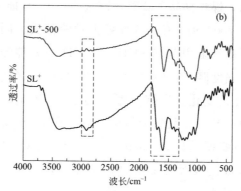

图 4-10　胜利煤焦样品 FT-IR 光谱

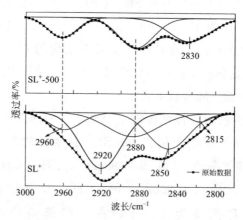

图 4-11　胜利脱矿煤样与 500℃煤焦样品脂肪烃伸缩振动 FT-IR 拟合图谱

动中比值越大表示脂肪侧链的链越长[11]。SL^+-500 在相同的波数中峰位变化较大，较之 SL^+ 样品红外谱图仅存在 2960cm^{-1} 处的—CH_3 反对称伸缩振动及 2880cm^{-1} 处的 R_3CH 的对称伸缩振动，2920cm^{-1} 处—CH_2—的 υ_{as} 及 2850cm^{-1} 处的 υ_s 消失，取而代之的是 2830cm^{-1} 处—CH_2—的 υ_{as}，且 SL^+-500 脂肪烃结构中以 R_3CH 为主（占 41.0%），比 SL^+ 中此结构高约 2 倍，—CH_2—/—CH_3 比值为 1.66。由峰位及相对组成比例可以说明，热解温度低于 500℃，煤中脂肪结构无论在含量和组成上都发生较大变化，SL^+-500 与 SL^+ 相比，脂肪侧链长度缩短，叔烃类结构增加。

表 4-2　胜利脱矿煤样与 500℃ 煤焦样品红外光谱归属与拟合峰面积比例

波长/cm^{-1}	官能团	SL^+ 峰面积/%	SL^+-500 峰面积/%
2950	$R-CH_3$（υ_{as}）	10.0	22.2
2920	R_2CH_2（υ_{as}）	39.7	—
2880	R_3CH（υ_s）	21.5	41.0
2850	R_2CH_2（υ_s）	25.8	—
2830/2815	R_2CH_2（υ_s）	3.0	36.8
总峰面积/%		100	100
1700	C=O（R-COOH）	30.3	2.7
1605/1590	C—C（aromatic）	63.1	78.2
1440	$R_2CH_2/R-CH_3$（δ_{as}）	4.4	6.9
1380	$R_2CH_2/R-CH_3$（δ_s）	2.2	12.2
总峰面积/%		100	100

　　图 4-12 为羧基及芳香碳骨架伸缩振动拟合图谱，拟合参数见表 4-2，SL^+-500 较 SL^+ 样品红外谱图在芳香碳骨架振动峰位

发生了 15cm⁻¹ 的蓝移，这可能是因为热解过程芳香结构中取代基团发生变化[13]。SL⁺ 中 1605cm⁻¹ 处芳香组分占 63.1%；1440cm⁻¹ 与 1380cm⁻¹ 处的甲基与亚甲基结构占 6.6%，有研究[14] 指出在 1380～1440cm⁻¹ 波数处的变形振动峰（δ）更多以环烷烃结构为主；羧酸中的 C=O 占 30.3%。SL⁺-500 样品中较 SL⁺ 样品大幅度降低的为 C=O 结构，下降了约 91.1%，说明大部分羧基结构在热解温度达 500℃ 时被分解；但环烷烃结构（1440cm⁻¹ 与 1380cm⁻¹）占 19.1%，较 SL⁺ 样品高 2.9 倍，同时结合表 4-2 拟合参数，R_3CH 结构是 SL⁺ 样品中的 2 倍。SL⁺-500 样品中脂肪长链可能经过加热处理环化形成了环烷烃结构。由 SL⁺ 与 SL⁺-500 样品的红外拟合图谱可以看到，脂肪结构经过热解处理，其结构组成发生了变化，不再以长链脂肪族为主，而是以叔烃结构为主。在相对含量方面，羧酸中 C=O 结构在煤焦中的含量大幅度下降，由此可认为这部分结构的分解是造成钙对 SL⁺-500 催化效应降低的主要原因。

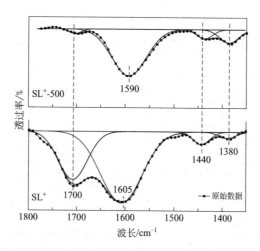

图 4-12　胜利脱矿煤样与 500℃ 煤焦样品 FT-IR 拟合图谱

4.5.2　碳结构分析

　　酸洗煤焦样品的 ^{13}C NMR 表征结果如图 4-13 所示。SL$^+$ 随炼焦温度的提高，其脂肪碳（化学位移 0～60ppm，1ppm＝1× 10^{-6}）及羧酸碳（180～220ppm）峰强度降低，至 700℃ 基本消失；但芳香碳仍然存在（115～140ppm），且炼焦温度越高，芳香碳峰半峰宽度越窄。结合 SL$^+$-700 的 FT-IR 谱图中 2920cm^{-1} 与 2820cm^{-1} 处—CH$_2$—与—CH$_3$ 伸缩振动峰与 1700cm^{-1} 处羧酸中 C＝O 伸缩振动峰基本消失，由此可以看出两者给出的煤中结构信息基本一致。

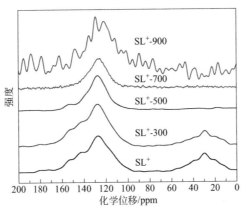

图 4-13　胜利煤焦样品 ^{13}C NMR 光谱

　　将 SL$^+$ 与 SL$^+$-500 样品 ^{13}C 谱图分峰拟合进行定量分析[15]，图 4-14 为拟合图谱，表 4-3 为化学位移归属及拟合参数[16]。SL$^+$ 样品中化学碳结构较丰富，芳香碳占总碳结构的 50.36％、脂肪碳占 33.06％、氧碳结构占 16.58％。可以看到脂肪结构在胜利褐煤中的含量相对较为丰富。SL$^+$-500 样品 ^{13}C NMR 谱图较 SL$^+$ 样品中的脂肪碳结构大部分被分解，仅剩下少量芳香侧链碳

（2）与叔烃碳（4），羧酸碳峰（10）消失。

SL$^+$-500 样品中芳香碳（6～8）占总碳结构的 80.41%；脂肪碳（1～5）占 5.20%；氧碳结构（9～11）占 14.39%，且以芳香取代位为含氧组分的碳为主。对比 SL$^+$ 与 SL$^+$-500 样品拟合参数可以看到，在 500℃ 的热解温度下，大部分脂肪侧链被分解，含氧组分除了羧酸氧被分解，其他还不能完全从 SL$^+$-500 样品中脱出，煤中芳香组分在碳结构中比例提高。

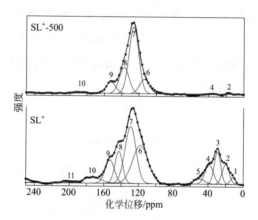

图 4-14　胜利脱矿煤样与 500℃ 煤焦样品^{13}C NMR 光谱拟合图

表 4-3　胜利脱矿煤样与 500℃ 煤焦样品^{13}C NMR 与拟合峰面积比例

峰	化学位移值/ppm	碳类型	模型	SL$^+$ 峰面积/%	SL$^+$-500 峰面积/%
1	10～13	脂肪族甲基	—$\mathbb{C}$H$_3$	4.32	—
2	15～20	芳香族甲基	$\mathbb{C}$H$_3$	7.10	3.47
3	30	亚甲基	—CH$_2$—$\mathbb{C}$H$_2$—CH$_2$—	9.01	—
4	40	叔丁基	$\mathbb{C}$ H	7.75	1.73

褐煤催化气化性能及机理研究——以胜利褐煤为例

峰	化学位移值/ppm	碳类型	模型	SL$^+$峰面积/%	SL$^+$-500峰面积/%
5	50	四丁基	—C—	4.88	—
6	113～118	氧-芳香族芳香族		19.62	12.53
7	126～130	芳香族桥键		20.67	47.54
8	137～144	芳香族支链		10.07	20.35
9	150～154	氧取代芳香族支链		9.23	10.56
10	175～185	羧基与酯	—COOH/R	6.27	3.83
11	185～215	酮和醛中的羰基		1.08	—
总峰面积/%				100	100

4.6 脱矿煤样热解气体逸出规律

利用气相色谱在线实时监测 SL$^+$ 样品热解过程气相产物 H_2、CO_2、CO 与 CH_4 含量分析,得到热解气体逸出随时间变化曲线(图 4-15)。将 SL$^+$ 样品以 2.1.4 节制焦条件分段程序升温,首先由室温升至 300℃ 恒温 1h 后焦样继续升温至 500℃,以此方法逐渐递增到 700℃、900℃。

由图 4-15 可以看到,300～500℃ 热解气主要是 CO、CO_2 与

CH_4。同时 FT-IR（图 4-11 与图 4-12）与 NMR（图 4-13 与图 4-14）表征结果显示 SL^+-500 焦样中脂肪结构与羧酸结构都不同程度地减少或者形态发生变化，可以认为在此温区内 CO、CO_2 与 CH_4 主要是 SL^+ 样品中的羧酸与脂肪结构的分解产生的。当热解温度升高至 700℃，大量 H_2 与 CO 逸出，同时 CO_2 生成速率迅速下降；随着热解温度继续增加，H_2 为热解气中的主要产物，CH_4、CO_2 与 CO 生成速率都迅速下降。相应热解温度下焦样 FT-IR 与 NMR 分析可以看到，SL^+-900 样品中含氧官能团特征峰基本消失，煤焦结构趋于简单，以芳香族为主，这与热解气的逸出规律也相符，热解温度达 900℃时煤中大部分可生成 CO 与 CO_2 的结构已经分解完全[17]，煤以缩聚反应为主，大量 H_2 逸出。

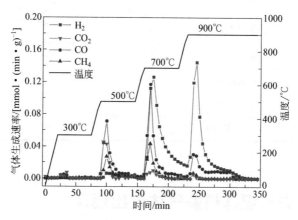

图 4-15 SL^+ 样品热解气体生成速率曲线

图 4-16 为 SL^+ 样品热解气体累积生成曲线，当热解温度为 300～500℃，热解气体开始较多的生成，累积生成总量 CO＞CO_2＞CH_4＞H_2。当热解温度高于 500℃时，H_2 开始大量生成，CO 持续大量生成，热解气中气体累积总量增长幅度最小的为 CO_2，同时 SL^+-500 样品 FT-IR（图 4-11）与 NMR（图 4-14）拟合谱图也可以看到，产生 CO_2 的羧酸官能团较之 SL^+ 样品在

煤中含量大幅度下降，由此可认为300～500℃的含氧气体的逸出与煤焦中羧基组分的分解有关。

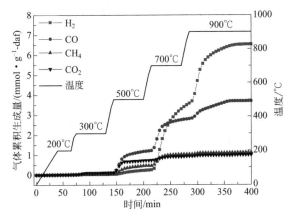

图 4-16　SL$^+$样品热解过程中热解气体累积生成曲线

图 4-17 为热解气体组成，热解温度在 300℃时热解气累积量较低，热解气组成以含氧气体为主，其中 CO_2 在合成气中比例最高为 35.7%；热解温度升高到 500℃，CO 与 CO_2 逸出总量占合成气总量 63.4%；CO_2 累积含量在热解温度为 700℃的热解气

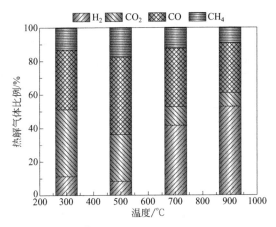

图 4-17　SL$^+$样品不同热解终温热解气体组成

中迅速下降到 34.5％，较之其在 500℃中下降了 11.5％，而热解气中开始以 H_2 为主；热解温度达 900℃，热解气中以 H_2 与 CO 为主，CO_2 与 CH_4 气体比例进一步降低。

4.7 小结

根据 SL^+ 样品 FT-IR（图 4-11 与表 4-2）与 NMR（图 4-13 与表 4-3）分析可以将胜利褐煤的部分片层结构推测为如图 4-16 所示，芳香环以 1～2 个为主，脂肪侧链中有较长结构，比例约占总体结构的 35％，部分含氧官能团以不同的形态分布在煤中。当炼焦温度达 500℃时，所得到 SL^+-500 样品通过 FT-IR（表 4-2）与 NMR（表 4-3）表征定量分析固相组成，发现较之 SL^+ 样品，SL^+-500 样品中羧基结构的含量大幅度下降，芳香组分所占比例提高，同时 SL^+ 样品热解温度在 500℃时气态产物逸出累积量以含氧气体为主（图 4-16）。由此可推断 SL^+ 样品在低于 500℃其羧基结构大部分分解，脂肪侧链部分环化为环烷烃[18,19]，形成了图 4-18 中的 SL^+-500 结构形式。

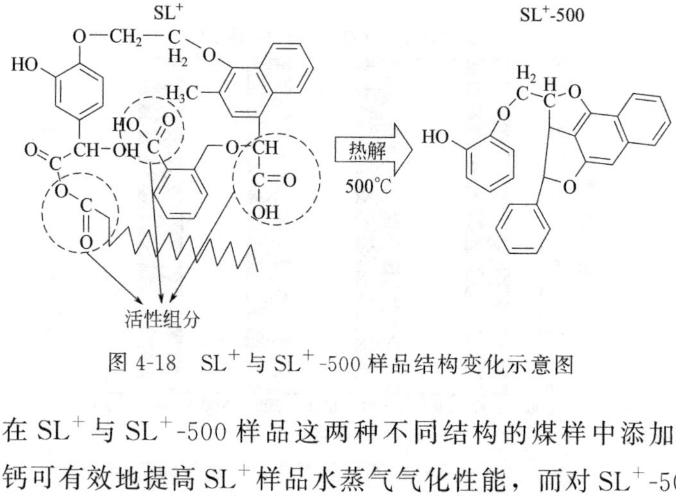

图 4-18 SL^+ 与 SL^+-500 样品结构变化示意图

在 SL^+ 与 SL^+-500 样品这两种不同结构的煤样中添加钙组分，钙可有效地提高 SL^+ 样品水蒸气气化性能，而对 SL^+-500 样品水蒸气气化性能影响不大（图 4-6）。说明固相组成的变化对钙催化水蒸气气化反应影响较大，通过两种样品的固相组成（如图 4-18）的比较可认为钙对含有更多羧基结构的 SL$^+$ 煤样具有显著的催化效应，当这部分结构被分解，钙即无显著的催化作用。第三章结论认为，金属组分可与煤中部分有机质结构形成的 "M-matrix complxes" 是催化水蒸气气化的关键组分，结合本章节内容可认为钙组分可与胜利褐煤中的羧基结构形成新的复合结构体，这个结构体可能在钙催化水蒸气气化反应的过程中起到主导作用。但水蒸气气化反应温区在 600℃ 以上，结合本章节内容可知羧基的分解温度为 300～500℃，那么钙与羧基官能团结合后以何种结构稳定存在于煤焦中，在第五章的内容里将着重探讨钙在胜利煤焦中的结构形态及其对水蒸气气化催化作用的影响。

参考文献

[1] 周晨亮，刘全生，李阳，等.固有矿物质对胜利褐煤热解气态产物生成及其动力学特性影响的实验研究 [J].中国电机工程学报，2013，（35）：21-27.

[2] Xu Y.，Zhang Y.，Wang Y.，et al. Gas evolution characteristics of lignite during low-temperature pyrolysis [J].Journal of Analytical & Applied Pyrolysis，2013，104 (10)：625-631.

[3] 李美芬.低煤级煤热解模拟过程中主要气态产物的生成动力学及其机理的实验研究 [D].太原：太原理工大学，2009.

[4] Tay H L，Kajitani S，Wang S，et al. A preliminary Raman spectroscopic perspective for the roles of catalysts during char gasification [J].Fuel，2014，121 (apr.)：165-172.

[5] Xu T，Bhattacharya S . Direct and two-step gasification behaviour of Victorian brown coals in an entrained flow reactor [J].Energy Conversion & Management，2019，195 (SEP.)：1044-1055.

[6] Wang P. , Wen F. , Bu X. P. , et al. Study on the pyrolysis characteristics of coal [J]. Coal Conversion, 2005.

[7] Wang J. , Du J. , Chang L. , et al. Study on the structure and pyrolysis characteristics of Chinese western coals [J]. Fuel Processing Technology, 2010, 91 (4): 430-433.

[8] Liang H. Z. , Wang C. G. , Zeng F. G. , et al. Effect of demineralization on lignite structure from Yinmin coalfield by FT-IR investigation [J]. Journal of Fuel Chemistry & Technology, 2014, 42 (02): 129-137.

[9] Ibarra J. , Moliner R. , Bonet A. J.. FT-IR investigation on char formation during the early stages of coal pyrolysis [J]. Fuel, 1994, 73 (6): 918-924.

[10] Miura K. , Mae K. , Li W. , et al. Estimation of hydrogen bond distribution in coal through the analysis of OH stretching bands in diffuse reflectance infrared spectrum measured by in-situ technique [J]. Energy & Fuels, 2001, 15: 2.

[11] Ibarra J. , Muñoz E. , Moliner R.. FT-IR study of the evolution of coal structure during the coalification process [J]. Organic Geochemistry, 1996, 24 (6): 725-735.

[12] Liu H. , Xu L. , Jin Y. , et al. Effect of coal rank on structure and dielectric properties of chars [J]. Fuel, 2015, 153: 249-256.

[13] Jiang Y, Zong P, Tian B, et al. Pyrolysis behaviors and product distribution of Shenmu coal at high heating rate: a study using TG-FTIR and Py-GC/MS [J]. Energy Conversion & Management, 2019, 179 (JAN.): 72-80.

[14] Sánchez N. M. , Klerk A. D.. Oxidative ring-opening of aromatics: thermochemistry of sodium, potassium and magnesium biphenyl carboxylates [J]. Thermochimica Acta, 2016, 645: 31-42.

[15] Li Z. K. , Wei X. Y. , Yan H. L. , et al. Insight into the structural features of Zhaotong lignite using multiple techniques [J]. Fuel, 2015, 153: 176-182.

[16] Wu J, Liu J, Xu Z, et al. Chemical and structural changes in XiMeng lig-

nite and its carbon migration during hydrothermal dewatering [J]. Fuel, 2015，148：5.

[17] Hodek W.，Kirschstein J，Heek K. H. V.. Reactions of oxygen containing structures in coal pyrolysis [J]. Fuel，1991，70（3）：424-428.

[18] 李娜，甄明，刘全生，等.不同变质程度煤燃烧反应性及 FT-IR 分析其热解过程结构变化 [J].光谱学与光谱分析，2016，36（9）：2760-2765.

[19] 赵波庆，李娜，刘全生，等.胜利褐煤热解过程中结构演变及气体生成机理分析 [J].煤炭学报，2019，44（02）：596-603.

第5章

胜利褐煤钙催化
机理研究

5.1 简介

第 3 章和第 4 章的结果充分表明，钙催化胜利褐煤水蒸气气化活性中心是钙与煤样中有机质结构所形成的特定结构体。已有研究认为，通过离子交换的方法钙可与煤中羧基官能团形成羧酸钙结构体，并在气化中起到催化作用[1,2]，本书第四章也发现羧基官能团对钙催化水蒸气气化有重要作用，但羧酸钙中的钙离子可被盐酸溶液中的氢离子置换除去，且羧基官能团也不能在高温气化过程中稳定存在。同时第三章研究结果表明，催化活性结构体稳定地存在于高温煤焦中，且是不可被盐酸洗脱除去的组分。因此本章将着重讨论分析钙催化水蒸气气化过程中活性结构体的基本结构特征，同时利用模型化合物验证其形成过程，并推测钙对水蒸气气化反应的催化机理。

本章以固相混合方法将 CaO 添加到 SL$^+$ 样品中，旨在分析热解过程中 CaO 是否与胜利褐煤反应形成催化后续水蒸气气化反应的活性结构体。同时用盐酸对添钙焦样进行脱矿处理，利用 SEM-EDS、XRD、Raman、FT-IR 及 XPS 等多种表征分析推测胜利褐煤钙催化活性结构体形态，为钙催化水蒸气气化反应机理分析奠定基础。

胜利褐煤因结构多样性、结构多尺度及各向异性，通过表征和模拟计算虽然能将部分片面结构推测出来，但在热化学反应过程中仍然很难把握其准确性，又不能把褐煤简单地看为某种元素的集合体。以简单的模型化合物模拟其反应过程是现阶段研究煤反应机理常用的方式之一。本章为确定钙活性结构体的存在形态以及分析其催化褐煤水蒸气气化反应的机理，选择比褐煤碳结构相对简单，但在含氧组分与褐煤相近的氧化石墨为模型化合物，模拟钙活性结构体的形成过程。

　　氧化石墨由石墨制备而得，石墨中仅含碳元素，碳原子以 sp^2 杂化成共价键，六个碳原子在同一个平面上形成了正六环，伸展成片层结构[3]。氧化石墨碳结构与石墨相同，但在石墨碳结构边缘及层间存在羧基、羟基及环醚类等含氧官能团[4]，这部分含氧组分与胜利褐煤含氧结构相近，但其碳结构较胜利褐煤相对要简单得多。第四章已经发现羧基官能团结构是钙起催化效应的关键组分，因此选择氧化石墨作为胜利褐煤模型化合物，石墨作为高温脱氧后胜利褐煤焦样模型化合物。考察钙对石墨与氧化石墨水蒸气气化性能的影响，验证含氧官能团在钙催化气化过程中的关键作用，分析钙催化活性结构体特征并建立催化机理模型。

5.2　研究方法

5.2.1　添钙煤焦制备方法

　　采用 Ca 原子质量占样品总质量 10% 的 CaO 与 SL+ 置于研钵中充分研磨混合，将上述样品及 SL+ 样品在固定床反应器中于 1100℃下制焦（条件同 2.1.3 节），所得煤焦样品记做 SL+-Ca-1100 及 SL+-1100。将 SL+-Ca-1100 经盐酸采用同样脱矿方法进行处理得到添钙焦酸洗煤样，记为 SL+-Ca-1100+。

　　表 5-1 为煤焦样品的工业分析和元素分析结果。由表 5-1 可知，经过高温热解的煤焦样品 SL+-1100 固定碳含量高达 90.8%，挥发分含量较低，灰分相对含量也较低为 6.33%。SL+-Ca-1100 样品中灰分达到了 18.4%，较之 SL+-1100 样品高了 12.1%，可认为这部分增加的灰分与钙的添加有关。经盐酸洗

脱后的 SL^+-Ca-1100$^+$ 样品中灰分下降至 8.13%，仅比 SL^+-1100 样品高了 1.90%。由此可认为 SL^+-Ca-1100 样品中 84.3% 的钙组分被洗脱除去。

表 5-1　1100℃ 下胜利脱矿煤焦样品与添钙焦样品的工业分析和元素分析

样品	工业分析 w_d/%			元素分析 w_{daf}/%			
	Ad	Vd	FCd	C	H	N	St+O*
SL^+-1100	6.33	2.84	90.8	94.5	0.30	1.16	4.06
SL^+-Ca-1100	18.4	3.34	78.2	94.0	0.42	1.36	4.25
SL^+-Ca-1100$^+$	8.13	5.45	86.4	94.4	0.59	1.14	3.85

注：w_d 是基于干燥质量的质量分数；w_{daf} 是基于干燥无灰基质量的质量分数；St+O* 是有机硫+氧，经差减法计算得出；Ad 为灰分；Vd 为挥发分；FCd 为固定碳；d 为干基。

5.2.2　模型化合物添钙及其热解样品制备方法

① 采用 Ca 原子质量占样品总质量 10% 的 CaO 分别与石墨（G）与氧化石墨（GO）采用浸渍法（同 2.1.3 节）充分搅拌混合，在鼓风干燥箱中于 105℃ 烘干得到 G-Ca 和 GO-Ca 样品。

② 将 GO-Ca 样品在固定床反应器中于 900℃ 下热解（条件同 2.1.3 节），所得样品记做 GO-Ca-900。将 GO-Ca-900 利用盐酸采用与胜利褐煤同样脱矿的制备方法（同 2.1.1 节）进行处理得到 GO-Ca-900$^+$。

5.3　钙催化结构体解析

浸渍法可以很好地将钙分散到煤表面及孔隙中去。因褐煤中含有羧酸等含氧官能团，CaO 水溶液呈碱性，在制备样品过程中CaO 已经与胜利褐煤有机质发生了化学反应，形成了有机钙的形式，导致在制样阶段钙已经有多种形态。为排除制备样品过程的影响，本节实验将 CaO 以固相混合的方法掺杂在煤样中，旨在分析 CaO 是否与胜利褐煤有机质在热解过程中形成新的复合结构体，进而催化水蒸气气化反应。

水蒸气气化过程因一直耦合着热解反应，在气化过程中考察煤焦与钙组分相互发生反应的原位分析尚不能实现。因而本节将炼焦温度提高到 1100℃，高于水蒸气气化反应结束温度，使得形成的活性结构体在水蒸气气化过程中不再因温度变化产生变化。同时采用 850℃ 等温水蒸气气化实验，使得在 850℃ 气化反应开始前煤焦不与水蒸气发生作用，确保所分析的煤焦活性结构体一直稳定存在于煤焦中，没有因反应温度及反应气的影响发生改变。

5.3.1 水蒸气气化性能

5.3.1.1 合成气生成速率

图 5-1 为 1100℃ 下胜利脱矿煤焦样品与添钙焦样品 850℃ 等温水蒸气气化合成气生成速率曲线，SL^+-1100 样品合成气中的 H_2 与 CO_2 最大生成速率分别为 1.55mmol・$(min・g)^{-1}$ 与 0.59mmol・$(min・g)^{-1}$，SL^+-Ca-1100 样品 H_2 与 CO_2 最大生成速率分别为 5.38mmol・$(min・g)^{-1}$ 与 2.09mmol・$(min・g)^{-1}$，较 SL^+-1100 样品相应气体均高约 3.5 倍，添钙焦样被盐酸洗脱后 SL^+-Ca-1100$^+$ 样品的 H_2 与 CO_2 最大生成速率分别为 5.29mmol・$(min・g)^{-1}$ 与 1.06mmol・$(min・g)^{-1}$，较之 SL^+-Ca-1100 其 H_2 生成速率保持不变，CO_2 生成速率下降了 1 倍，

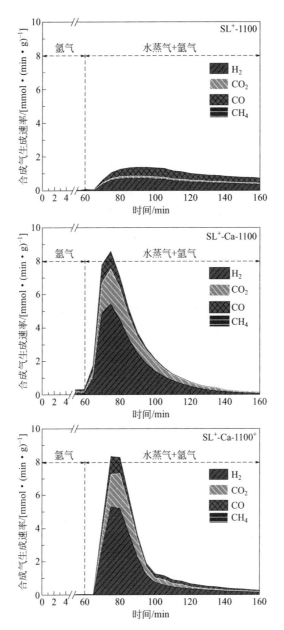

图 5-1　1100℃下胜利脱矿煤焦样品与添钙焦样品水蒸气气化合成气生成速率

但仍然远高于 SL^+-1100 煤样。固相混合方式添加的钙组分仍然可有效地促进胜利褐煤焦水蒸气气化合成气生成速率，且经过盐酸洗脱后的 SL^+-Ca-1100$^+$ 样品仍然有较好的气化反应性能。

5.3.1.2　碳反应速率

图 5-2 为 1100℃ 下胜利脱矿煤焦样品与添钙焦样品碳反应速率随反应时间变化曲线。SL^+-1100 样品反应时间为 100min 时，碳反应速率达到最大值为 0.009min^{-1}，在整个水蒸气气化反应过程中，碳反应速率没有较大变化，碳反应速率随时间变化的曲线较为平缓；而 SL^+-Ca-1100 样品在反应时间为 75min 时碳反应速率达最大值为 0.034min^{-1}，其最大碳反应速率是 SL^+-1100 样品的 3.8 倍；SL^+-Ca-1100$^+$ 样品在反应时间为 80min 时碳反应速率达最大值为 0.034min^{-1}，与 SL^+-Ca-1100 样品碳反应速率保持一致，远高于 SL^+-1100 样品。结果表明，酸洗脱除钙组分对 SL^+-Ca-1100$^+$ 样品的碳反应速率影响不大，且当反应时间达到 160min，添钙焦样碳反应速率均接近 0min^{-1}。

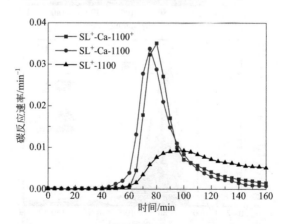

图 5-2　1100℃ 下胜利脱矿煤焦样品与添钙焦样品碳
反应速率随反应时间变化关系

5.3.1.3 合成气累积 H_2/CO

图 5-3 为 SL^+-1100 与添钙焦样品合成气累积 H_2/CO 值，SL^+-1100 样品合成气累积 H_2/CO 值为 1.46；添钙焦样 SL^+-Ca-1100 样品合成气累积 H_2/CO 值为 6.72，是 SL^+-1100 样品的 4.6 倍；被盐酸洗脱后的添钙焦样 SL^+-Ca-1100$^+$ 合成气累积 H_2/CO 值为 4.44，较 SL^+-Ca-1100 下降了 33.9%，但仍然是 SL^+-1100 样品的 3.0 倍。

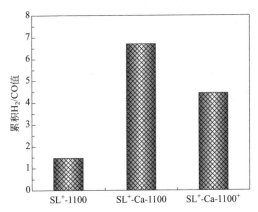

图 5-3 1100℃下胜利脱矿煤焦样品与添钙焦样品合成气累积 H_2/CO 值

综合 1100℃下胜利脱矿煤焦样品与添钙焦样品的气化生成速率曲线、碳反应速率及合成气累积 H_2/CO 值，发现添钙焦样在酸洗前后的水蒸气气化性能基本保持不变，都优于未添钙焦样。

5.3.2 物化性质分析

4.3.2 节中发现当钙添加量为煤样质量分数的 3% 时，钙即可体现出较好的催化效果，结合灰分分析结果（表 5-1）可知，SL^+-Ca-1100$^+$ 样品中灰分较之 SL^+-Ca-1100 样品大幅度降低，

因此 SL^+-Ca-1100$^+$ 样品残余的少量的钙组分是催化煤焦水蒸气气化的关键组分。因此，本节将采用多种表征方式来分析 SL^+-Ca-1100$^+$ 样品中残余钙组分的结构形态。

5.3.2.1 孔结构与比表面积分析

表 5-2 为 1100℃下胜利脱矿煤焦样品与添钙焦样品孔结构参数。由表 5-2 煤焦样品孔结构参数可知，SL^+-1100 样品比表面积及平均孔径为 $6.88m^2 \cdot g^{-1}$ 和 $2.26nm$，SL^+-Ca-1100 样品分别提高到 $39.55m^2 \cdot g^{-1}$ 及 $7.09nm$，CaO 的加入降低煤在热解过程中的熔聚特性，促进热解进行，造成开孔及空隙增大[5]。SL^+-Ca-1100$^+$ 样品的比表面积与平均孔径均低于 SL^+-Ca-1100，但水蒸气气化性能却未有大幅度的降低，说明表面积与孔径分布等因素不是影响煤焦气化反应的主要原因。

表 5-2　1100℃下胜利脱矿煤焦样品与添钙焦样品孔结构参数

样品	比表面积 A /(m² · g⁻¹)	孔体积 V /(cm³ · g⁻¹)	平均孔径 d /nm
SL^+-1100	6.88	3.53×10^{-3}	2.26
SL^+-Ca-1100	39.55	66.72×10^{-3}	7.09
SL^+-Ca-1100$^+$	19.99	27.21×10^{-3}	5.43

5.3.2.2 形貌分析

图 5-4 为 1100℃下胜利脱矿煤焦样品与添钙焦样品的 SEM-EDS 图片。对样品进行区域面扫（$220\mu m \times 200\mu m$）得到元素百分含量如表 5-3 所示；对添钙焦样品进行区域面扫得到钙组分的面分布图，如图 5-4 中 SL^+-Ca-1100（A）及 SL^+-Ca-1100$^+$（B）。

SL^+-1100 样品及添钙煤焦样品 SEM 图片中存在有介孔的片状、颗粒团聚相及表面密实块状三种形貌，具有这些形貌特征的

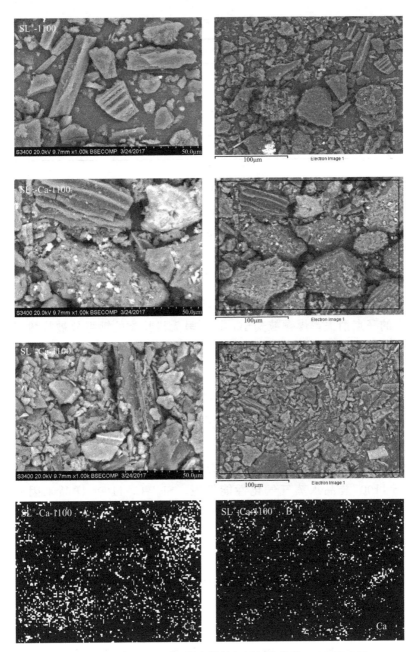

图 5-4　1100℃下胜利脱矿煤焦样品与添钙焦样品 SEM-EDS 图

表 5-3　1100℃下胜利脱矿煤焦样品与添钙焦样品 EDS 元素百分含量

样品	元素含量/%				
	C	O	Si	S	Ca
SL$^+$-1100	83.95	14.95	0.71	0.39	—
SL$^+$-Ca-1100	59.12	33.48	1.31	0.95	5.59
SL$^+$-Ca-1100$^+$	72.48	24.09	0.48	0.83	2.12

物质都为煤颗粒。SL$^+$-1100 样品片状形貌表面较为规整，添钙焦样 SL$^+$-Ca-1100 样品相同图片尺寸下，颗粒出现团聚现象，且片状形貌物质较之 SL$^+$-1100 样品出现了碎裂现象，煤颗粒上出现了衬度较高的亮点。有研究[6] 指出，无机矿物质平均原子序数高及硬度大，通常在断面上比较凸出，二次电子图像的亮度大于有机显微组分。经过酸洗之后的 SL$^+$-Ca-1100$^+$ 样品的衬度较高的亮点消失，煤颗粒变小，说明呈无机盐类的钙组分被盐酸溶液洗脱除去。

由图 5-4 中的钙组分面分布可以清楚地看到，SL$^+$-Ca-1100$^+$ 样品中钙组分含量较 SL$^+$-Ca-1100 明显下降。同时从表 5-3 EDS 数据显示，SL$^+$-Ca-1100$^+$ 样品中的钙含量较 SL$^+$-Ca-1100 下降了 62.1%，氧含量下降了 28.0%，说明盐酸可以将 SL$^+$-Ca-1100 样品中部分无机钙组分洗脱除去，但比较 SL$^+$-Ca-1100 与 SL$^+$-Ca-1100$^+$ 样品水蒸气气化性能发现，SL$^+$-Ca-1100$^+$ 样品未因钙含量的下降而使其水蒸气气化性能下降。

5.3.2.3　晶相分析

图 5-5 为 1100℃下胜利脱矿煤焦样品与添钙焦样品 XRD 谱图。由图 5-5 可知，15°~30°为煤中碳结构衍射峰的叠加，因煤中碳结构较为丰富，因此峰形为弥散结构，为无序化及有序化碳结构复合衍射峰[7,8]。SL$^+$-1100 样品中除碳结构衍射峰，还存在

SiO_2 的衍射峰，这与 SEM-EDS 结果一致，因为盐酸不能洗脱煤中的 SiO_2。作者所在课题组前期利用氢氟酸洗脱除去 SiO_2，发现 SiO_2 存在对水蒸气气化性能影响不大。SL^+-Ca-1100$^+$ 样品中 CaO 及 CaS 特征晶型衍射峰消失，说明 SL^+-Ca-1100 中这两种钙物质被盐酸洗脱了。结合 SEM-EDS 图像（图 5-4）及 EDS 分析的元素含量结果（表 5-3），盐酸洗脱后钙组分大量下降的原因为 CaO 及 CaS 等成晶型的无机钙盐被盐酸有效的脱除，而煤样中残存的钙组分在煤焦主体高度分散，不以规整晶型存在，因而在 XRD 谱图中没有其衍射峰。

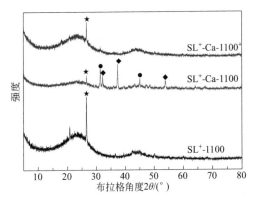

图 5-5　1100℃下胜利脱矿煤焦样品与添钙焦样品 XRD 谱图
★—SiO_2；◆—CaO；●—CaS

5.3.2.4　官能团分析

图 5-6 为 CaO、1100℃下胜利脱矿煤焦样品与添钙焦样品的 FT-IR 图谱。煤焦样品在 $3440cm^{-1}$ 附近的透过峰为—OH 伸缩振动；$1700cm^{-1}$ 为 C=O 伸缩振动峰；$1563cm^{-1}$ 属于芳香族上 C=C 键伸缩振动峰；$1100cm^{-1}$、$990cm^{-1}$、$870cm^{-1}$ 及 $500cm^{-1}$ 附近的谱峰归属于 Si—O—Si 或 Si—O—C 的伸缩振动；$1100cm^{-1}$ 附近还存在醚类 C—O 伸缩振动峰[9,10]。

由图 5-6 可知，SL^+-Ca-1100 样品在 3634cm^{-1} 及 1409cm^{-1} 处存在与 CaO 样品一致的特征峰，经过酸洗后 SL^+-Ca-1100$^+$ 样品中 3634cm^{-1} 处 CaO 特征峰消失，1409cm^{-1} 处还有少量关于钙的振动峰，此结果与 XRD 表征结果（图 5-5）一致，进一步证明盐酸能够将无机钙盐 CaO 洗脱除去，剩余的钙组分与煤焦主体结合，不能被盐酸洗脱。

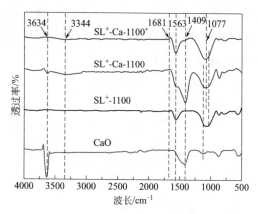

图 5-6　CaO、1100℃下胜利脱矿煤焦样品与添钙焦样品与 FT-IR 透过峰谱图

5.3.2.5　化学状态分析

图 5-7 为添钙焦样品与 CaO 的 XPS Ca 2p 谱图。由图 5-7 可知，SL^+-Ca-1100 样品中存在 CaS（346.5eV）、CaO（347.5eV）及 O—Ca—O（347.9eV）三种化学形态的钙。对比 Ca$(CH_3COO)_2$ 中的 Ca $2p^{3/2}$（348.2eV）可知，经盐酸洗脱后的 SL^+-Ca-1100$^+$ 样品 Ca $2p^{3/2}$ 峰位向高结合能方向移动，与 Ca$(CH_3COO)_2$ 的 Ca $2p^{3/2}$ 接近，说明 Ca 周围连接更多的给电子基团[11,12]，与 Ca$(CH_3COO)_2$ 中的钙形态更为接近。结合 4.7 节的内容可认为钙与煤中含氧官能团结合造成 Ca 2p 峰位的移动。因此经分峰拟合可得到 O—Ca—O（347.9eV）及类藻酸钙结构

的 Ca—OOR（346.8eV）[13] 两种钙的形态，SL[+]-Ca-1100 样品中还存在 CaO 及 CaS 两种化学形态的钙，经过酸洗之后这种钙的 XPS 谱峰消失。

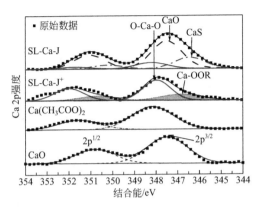

图 5-7　添钙煤焦样品的 XPS Ca 2p 拟合谱图

结合 SEM-EDS、XRD 及 FT-IR 测试，都可说明盐酸可以将无机钙盐 CaO 及 CaS 洗脱除去，SL[+]-Ca-1100[+] 中残余钙含量较 SL[+]-Ca-1100 样品大幅度降低，两者水蒸气气化反应性能却几乎一致，由此可说明煤焦中 CaO 及 CaS 等以无机形式存在的钙组分对水蒸气气化反应性影响不大。经过 XPS 分析可知，在热解过程中，钙组分与煤焦含氧官能团结合的有机钙"R—O—Ca—O—R′"结构体（R 及 R′可为脂肪族或芳香族结构体）是催化煤焦水蒸气气化的主要活性中间体。

5.3.2.6　碳结构分析

图 5-8 为煤焦样品 Raman 图谱，$1600 \sim 1580 cm^{-1}$ 附近为 G 峰，归属于石墨峰[14,15]，或者归属为 sp^2 碳结构[16]，$1380 \sim 1360 cm^{-1}$ 附近为 D 峰，归属于无序化碳[15]，或者为 sp^2-sp^3 混合的碳结构[16]。

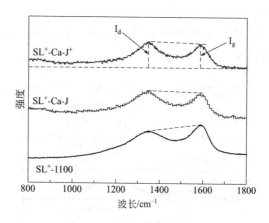

图 5-8　1100℃下胜利脱矿煤焦样品与添钙焦样品 Raman 光谱

如图 5-8 所示，SL^+-1100 煤样中 G 峰峰强度高于 D 峰，但 SL^+-Ca-1100 与 SL^+-Ca-1100^+ 样品 D 峰峰强度明显高于相应的 G 峰峰强度，可说明 SL^+-Ca-1100 与 SL^+-Ca-1100^+ 样品较之 SL^+-1100 中无序化的碳结构更多。利用 R_d 值表征煤的无序化程度（表 5-4），R_d 越大代表煤中无序化碳结构越多[9]，可以看到添钙焦样无序化程度都高于 SL^+-1100 样品。SL^+-Ca-1100^+ 样品其 R_d 值基本不受盐酸洗脱的影响，综合表征分析可以认为 "R—O—Ca—O—R′" 结合体是造成煤焦中无序化碳含量提高的原因。煤焦中无序碳含量提高也会造成煤焦的热稳定性差，进而影响其水蒸气气化性能。由此可认为钙在煤焦的热演变过程中对碳结构的转变也造成了一定的影响。

表 5-4　1100℃下胜利脱矿煤焦样品与添钙焦样品 Raman 参数

样品	SL^+-1100	SL^+-Ca-1100	SL^+-Ca-1100^+
R_d	0.478	0.526	0.522

5.3.3 钙催化结构体的形成及其对煤焦结构影响的分析

通过对 SL$^+$-1100 样品及添钙煤焦在盐酸脱洗前后水蒸气气化性能的比较，结果表明，钙组分对胜利褐煤焦水蒸气气化起到显著的催化作用，添钙焦样酸洗前后水蒸气气化性能基本保持不变。

通过 SEM-EDS 与 XRD 分析认为造成 SL$^+$-Ca-1100$^+$ 样品中钙含量较之 SL$^+$-Ca-1100 大幅下降的原因是煤样中游离的无机钙（CaO 与 CaS）被盐酸洗脱除去。通过 FT-IR 及 XPS 表征分析，SL$^+$-Ca-1100$^+$ 样品中残余的钙组分主要以与有机质结合形成的有机钙物质形式存在，结合 4.7 节所述胜利褐煤中含氧官能团是钙起催化效应的关键组分，XPS Ca 2p 谱图分析，推测这种结构的形成如图 5-9 所示，脱矿胜利褐煤中的羧酸官能团可与钙组分在热解过程中形成活性结构体"R—O—Ca—O—R′"。通过 Raman 分析结果显示相比未添钙的 SL$^+$-1100 样品，钙结合体在煤焦中的存在对煤焦热解过程中碳骨架结构的转化造成影响，使得煤焦中无序化碳结构增多，因而活性结构体的存在以及煤焦结构的改变都是造成添钙焦样水蒸气气化性能提高的原因。

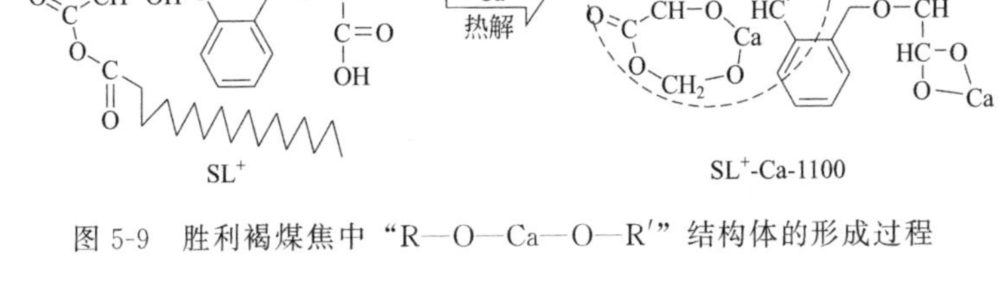

图 5-9　胜利褐煤焦中"R—O—Ca—O—R′"结构体的形成过程

5.4　模型化合物模拟钙催化结构体

由 4.7 节可知羧基官能团与钙对胜利褐煤催化效应之间存在一定的协同关系，两者在催化胜利褐煤水蒸气气化过程中都不可或缺，同时在 5.3.3 节高温煤焦中发现了可能存在的 "R—O—Ca—O—R′" 的结构。但因煤结构的复杂性，其他碳结构是否在反应体系更能起决定性作用尚不明确。因而本章选择碳结构比胜利褐煤简单的石墨及氧化石墨作为模型化合物，利用氧化石墨中相对确定的含氧官能团结构特征，对添钙氧化石墨在高温下进行惰性气氛下的热处理，通过表征分析对钙起催化作用的结构体进行分析，确定活性结构体的形态，从而类比研究含氧官能团在钙催化水蒸气气化过程中的重要作用。

本章 5.3 节利用等温程序已发现钙活性结合体的存在以及对水蒸气气化性能的催化效应，本节为了更清晰看到反应温区的变化，选择程序升温程序进行水蒸气气化实验。因程序升温水蒸气气化反应终温为 850℃，因此本节将 GO 样品炼焦温度设定为 900℃，高于气化反应终温。

5.4.1　水蒸气气化性能

图 5-10 为石墨、氧化石墨及添钙样品合成气瞬时生成速率随温度变化的曲线。G 与 GO 样品 H_2 最大生成速率浓度分别为 0.95％与 1.30％，两者与水在高温下基本上不发生气化反应。GO 样品由 G 样品氧化可得，两者在碳结构上基本保持一致，但氧化石墨片层结构出现了 sp^3 碳结构[17,18]，以及大量含氧官能团[19]。对比 G 与 GO 样品水蒸气气化性能可以看出，两者水气

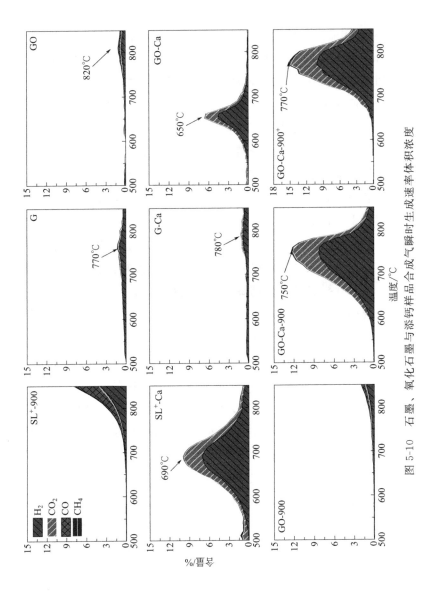

图 5-10　石墨、氧化石墨与添钙样品合成气瞬时生成速率体积浓度

化反应性能变化不大，说明含氧官能团对水蒸气气化反应影响不大。

G-Ca 样品在气体生成速率方面依然与 G 样品基本一致，说明钙组分对石墨的水蒸气气化没有催化作用。GO-Ca 样品合成气达到最大生成速率的温度为 650℃，较 GO 样品低 170℃，H_2 最大生成速率浓度为 4.59%，高于 GO 样品 3.5 倍。由此可以看出含氧组分在钙催化水蒸气气化过程中起到了决定性的作用，钙与含氧组分共同存在才能使得碳材料（氧化石墨与胜利褐煤）水蒸气气化性能显著提升。结合 5.3 节的研究内容，可进一步认为钙与含氧组分在水蒸气气化温变过程中可形成催化水蒸气气化反应的活性中间体。

5.3 节研究结果表明催化活性结构体稳定地存在于高温的煤焦中，且是不可被盐酸洗脱除去。因此以 5.2.1 节中相同的研究方法，对 GO 样品进行添钙炼焦，得到 GO-Ca-900 样品，再进行盐酸洗脱得到 GO-Ca-900$^+$ 样品，然后对比其程序升温水蒸气气化反应性能，如图 5-10 所示。

由图 5-10 可以看到，气化温度达到 850℃，GO-900 样品 H_2 生成速率体积浓度为 1.17%。而 GO-Ca-900 样品达到最大生成速率的温度为 750℃，较之 GO-900 最大反应速率温度降低了 100℃，合成气中 H_2 最大生成速率体积浓度达到 8.21%，是 GO-900 的 8 倍，且合成气以 H_2 及 CO_2 为主，GO-Ca-900 样品的气化反应温区、气化组成均与 SL$^+$-Ca 样品基本一致。GO-Ca-900$^+$ 样品合成气生成速率曲线峰形与 GO-Ca-900 样品相似，其最大生成速率温度为 770℃，较之 GO-Ca-900 样品略高 20℃，但仍低于 GO-900 样品的最大生成速率温度，合成气中 H_2 最大生成速率浓度为 10.10%，远高于 GO-900 样品。由此可说明，未被盐酸脱除的钙组分可有效地催化氧化石墨的水蒸气气化性能。

5.4.2 物理化学性质

5.4.2.1 形貌分析

图 5-11 为石墨、氧化石墨与添钙样品对应添钙焦样品的 SEM-EDS 图片，由 SEM 照片可以看到，G 样品片层重叠排列，形貌表面平整，呈现平面结构。经氧化后得到的 GO 样品片层尺寸变小，表面形貌出现褶皱现象，经过高温热解的 GO-900 样品，平面结构出现裂隙。G-Ca 样品碳形貌与 G 样品类似，在表面富集衬度较高的亮点，这部分被认为与钙的添入有关。GO-

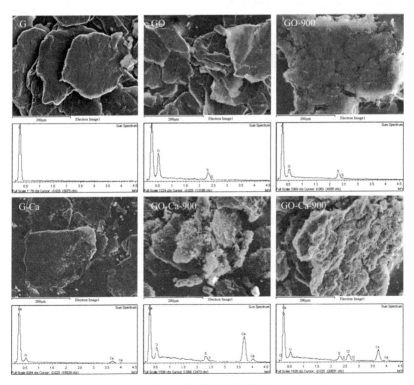

图 5-11 石墨、氧化石墨与添钙样品 SEM-EDS

Ca-900 样品形貌较之 GO-900 平面结构上有凸起，层状结构更为松散，片层尺寸也更小，片层的堆砌不如 G 样品规整，出现了富集的衬度较高的亮点。经过盐酸洗脱的 GO-Ca-900[+] 样品碳结构形貌与 GO-Ca-900 相似，但衬度较高的亮点较少。

样品 EDS 谱图为相对应的扫描电镜图片，整个区域（220×200μm）面扫结果见图 5-11，原子质量比例见表 5-5。G 样品中仅有碳元素，被氧化后得到 GO 样品中含氧组分占 38%，说明 G 样品被充分氧化，GO 样品中还有少量硫成分，造成这种现象的原因可能是浓硫酸氧化 G 样品与其反应生成磺酸基团[20,21]。G-Ca 与 GO-Ca 样品较之 G 与 GO 样品的氧与钙含量均增加，说明钙被有效地添加到相应样品中。

表 5-5 石墨、氧化石墨与添钙样品 EDS 元素百分含量

样品	元素含量/%			
	C	O	S	Ca
G	100	—	—	—
G-Ca	82.6	16.7	—	0.7
GO	61.2	38.0	0.8	—
GO-Ca	55.7	40.2	1.31	2.79
GO-900	75.1	24.1	0.8	—
GO-Ca-900	67.5	26.7	0.78	5.02
GO-Ca-900[+]	82.9	14.32	0.70	2.08

GO 样品经过热解得到 GO-900 样品，GO-900 样品中含氧组分含量较之 GO 样品减少了 36.6%，虽然热解温度提高到 900℃，还是有一部分氧依然存在于样品中，可以看到含氧组分很难在 900℃完全分解以气相产物离开样品。GO-Ca-900 样品中氧含量与 GO-900 样品基本相同。GO-Ca-900[+] 样品较之 GO-Ca-

900钙含量下降了58.5%，说明部分钙组分被盐酸脱除，但GO-Ca-900$^+$水蒸气气化性能未有较大下降，可以说明残余的钙组分已与氧化石墨在热解过程中结合成不能被盐酸洗脱的结构，并有效催化水蒸气气化反应。

5.4.2.2　晶相分析

图5-12（a）为石墨、氧化石墨与添钙样品XRD谱图，为更好对比结果，将在900℃下处理的GO及GO-Ca样品XRD图谱列于图5-12（b）。

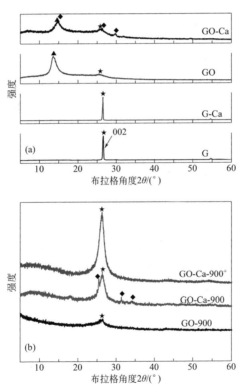

图5-12　石墨、氧化石墨与添钙样品XRD谱图
▲—氧；★—石墨；◆—CaSO$_4$

由图 5-12 （a）可以看到 G 样品在 26.6°出现典型的 002 峰[22]；经过氧化后的 GO 样品在 13.5°出现的峰为石墨层间氧造成的峰[22,23]；GO-Ca 样品中出现了 $CaSO_4$ 的衍射峰，硫酸盐出现与 SEM-EDS 中硫元素出现的原因一致，同时 GO 样品层间氧的峰移动至 14.8°，造成这种现象的原因是部分钙组分可与层间氧反应使得衍射峰偏移[4]。

由图 5-12 （b）可知 GO 热解后的样品，13.5°附近层间氧峰消失，证明部分含氧组分在热解过程中被分解，可解释 GO-900 样品 SEM-EDS 氧组分比例下降的原因。GO-Ca-900 样品中出现了 $CaSO_4$ 的特征峰，但此 $CaSO_4$ 晶型与 GO-Ca 中的相比已发生改变，说明无机钙盐在热解过程中也发生了变化。GO-Ca-900+ 样品中 $CaSO_4$ 衍射峰消失，说明盐酸可有效脱除 $CaSO_4$，这是造成 SEM-EDS 中（表 5-5）GO-Ca-900+ 样品的氧、钙及硫含量下降的原因。

利用 Bragg 与 Scheerrer 方程[24] 对石墨及氧化石墨样品中石墨（002 峰）晶粒尺寸进行计算[25-27]，得到的石墨碳微晶参数如表 5-6 所示。G 样品层间距 （d_{002}）为 0.335nm，堆垛高度（L_{c002}）为 59.81nm，堆垛层数 （N）为 180 层；添入钙后 G-Ca 样品层间距为 0.336nm，堆垛高度为 61.28nm，对比 G 与 G-Ca 晶粒参数可看出钙对石墨晶粒尺寸影响不大。

石墨进行氧化后得到的 GO 样品层间距增加为 0.345nm，堆垛高度降低至 3.301nm，堆垛层数仅为 10.6 层；添入钙后的 GO-Ca 样品层间距略低于 GO 样品，堆垛高度及堆垛层数都略高于 GO 样品；GO 经过 900℃热解后得到的 GO-900 样品层间距、堆垛高度及堆垛层数都小于 GO 样品；但当 GO 样品添钙后再进行热解处理的样品其晶粒尺寸参数明显不同于 GO-900 样品，添钙热解样品 （GO-Ca-900 与 GO-Ca-900+）层间距都小于 GO-900 样品，同时也小于 GO 样品，堆垛高度与堆垛层数均高于 GO-900 样品。

表 5-6　石墨、氧化石墨与添钙样品石墨碳微晶参数

样品	$2\theta/(°)$	$F_{002}(°)$	d_{002}/nm	L_{c002}/nm	N
G	26.62	0.135	0.335	59.810	180.00
G-Ca	26.52	0.132	0.336	61.280	183.00
GO	25.80	2.440	0.345	3.301	10.60
GO-Ca	26.00	2.380	0.342	3.381	10.90
GO-900	25.96	2.720	0.343	2.961	9.63
GO-Ca-900	26.25	1.760	0.339	4.590	14.50
GO-Ca-900^{+}	26.19	1.530	0.340	5.255	16.50

注：F_{002} 为 002 晶面衍射峰半高宽度。

GO-Ca-900^{+} 样品较之 GO-Ca-900 样品堆垛高度与层数都有所增加，说明在钙的参与下，GO 样品在热解过程中石墨碳微晶是向有序的方向发展，层间距减小可能是由于氧化石墨层间含氧官能团可与钙反应[4] 形成稳定的不被盐酸脱除的组分，因钙在层间的链接作用[4]，使得微晶有了更高的堆垛高度，且堆垛层数随之增加。

5.4.2.3　碳结构分析

图 5-13（a）为石墨、氧化石墨与添钙样品 Raman 图谱，为更好对比结果，将 900℃热解后的 GO 及 GO-Ca 样品 Raman 图谱列于图 5-13（b）。

由图 5-13（a）可以看到 G 样品 Raman 图谱 G 峰（1560cm^{-1}）半峰宽度非常窄且 D 峰（1350cm^{-1}）基本没有；G-Ca 样品 D 峰峰强较之 G 略有增强。氧化后的 GO 及 GO-Ca 样品 D 峰较 G 样品显著增强。与煤焦样品一样利用 R_d 参数来比较氧化石墨样品无序化碳比例，如表 5-7 所示。GO-Ca 样品 R_d 值为 0.482，稍高于 GO 样品的 0.475。GO-900 样品 R_d 值为 0.476，添钙加热

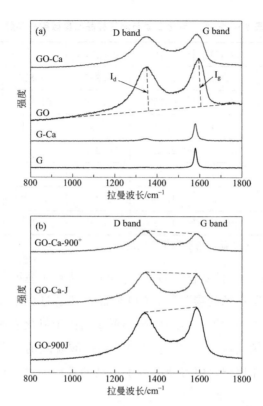

图 5-13　石墨、氧化石墨与添钙样品 Raman 谱图

表 5-7　氧化石墨与添钙样品 Raman 参数

样品	GO	GO-Ca	GO-900	GO-Ca-900	GO-Ca-900$^+$
R_d	0.475	0.482	0.476	0.518	0.540

处理的 GO-Ca-900 及 GO-Ca-900$^+$ 样品 R_d 值分别为 0.518 与 0.540。说明 GO 样品添钙后在热解过程中碳结构组成发生变化，无序化碳所占比例较 GO-900 样品有所增加，GO-Ca-900$^+$ 样品的 R_d 值未因盐酸洗脱而下降，说明造成无序化碳比例增加的原因为未被盐酸洗脱的钙组分。已有研究表明钙离子半径为

0.106nm，GO 层间距为 0.345nm（表 5-7），结合 XRD 碳微晶参数（表 5-6），可认为钙组分可以与层间氧反应留在氧化石墨层间，因此造成 D 峰强度增加，在钙的作用下氧化石墨层上无序化碳比例是增高的。

5.4.2.4 官能团分析

图 5-14 为石墨、氧化石墨与添钙样品 FT-IR 谱图。GO 样品中存在 1720cm⁻¹ 处的游离羧酸的 C＝O 伸缩振动峰、1622cm⁻¹ 与 1558cm⁻¹ 处的芳香骨架的 C＝C 伸缩振动峰、1409cm⁻¹ 处的羧酸中的 C—O 伸缩振动[28]、1225cm⁻¹ 与 1044cm⁻¹ 处的醚类 C—O 伸缩振动[29]；CaO 的特征峰为 3634cm⁻¹ 的尖峰及 1409cm⁻¹ 处的宽峰，在 GO-Ca 样品中没有出现氧化钙的特征峰，且 1720cm⁻¹ 处的游离羧酸的 C＝O 伸缩振动峰减弱，同时在 1580cm⁻¹ 与 1320cm⁻¹ 处出现两个较宽峰，这两个峰归属于羧酸盐中 COO— 的反对称振动峰与对称振动峰[30]，说明钙与 GO 样品形成了羧酸钙。

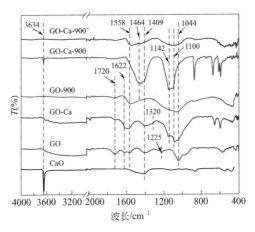

图 5-14 石墨、氧化石墨与添钙样品 FT-IR 谱图

GO-900 样品较之 GO 样品的红外谱图，其 1720cm^{-1} 与 1409cm^{-1} 处游离羧基 C=O 与 C—O 振动峰减弱，1380cm^{-1} 处存在—OH 弯曲振动，样品中含有不同类型的醚键 C—O (1044cm^{-1}、1100cm^{-1} 与 1142cm^{-1})。GO-Ca-900 样品中出现了 CaO 特征峰（3634cm^{-1} 与 1409cm^{-1}），说明部分 GO-Ca 样品中羧酸钙在热解过程中分解形成了 CaO，同时 1464cm^{-1} 出现了宽峰，这可能因氧化钙的影响造成芳香碳的峰红移。盐酸洗脱后的 GO-Ca-900$^+$ 样品中，1558cm^{-1} 处的芳香碳骨架振动峰出现，在 1400~1600cm^{-1} 处形成宽峰，CaO 特征峰消失，也可说明无机钙组分被盐酸有效洗脱。

5.4.2.5 化学状态分析

图 5-15 为氧化石墨添钙样品的 XPS Ca 2p 谱图。GO-Ca-900$^+$ 样品 Ca 2p$^{3/2}$ 峰位较 GO-Ca-900 样品向高结合能方向移动，与 5.2.2.5 节中 SL$^+$-Ca-1100$^+$ 中 Ca 2p$^{3/2}$ 结合能大小相同，GO 样品中除芳香碳外仅存在含氧组分[4]，可以进一步说明 347.9eV 处的钙以"O-Ca-O"形态存在于 GO-Ca-900$^+$ 与 SL$^+$-Ca-1100$^+$ 样品中。

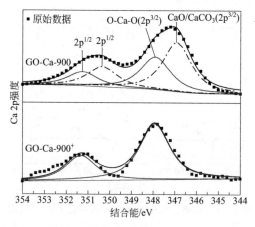

图 5-15　氧化石墨添钙样品的 XPS Ca 2p 拟合谱图

结合 CaO 的 FT-IR 谱图及 Ca 2p 分峰拟合结果，GO-Ca-900
样品中存在 CaO（346.85eV）[31]与 O—Ca—O（347.9eV）两种
化学形态的钙，无机钙（CaO、CaCO₃）在盐酸处理后的 GO-
Ca-900⁺样品的 Ca 2p 谱图中对应的峰位消失，这与 XRD（图 5-12）
及 FT-IR（图 5-14）结果一致。

5.5 钙催化胜利褐煤气化机理分析讨论

5.5.1 中间体形成

由 GO 样品的 XRD 分析（图 5-12）可知 GO 样品层间有含
氧官能团；由 Raman 图谱（图 5-13）可知层间含氧官能团造成
D 峰增加；FT-IR 分析表明（图 5-14）含氧官能团中包含羧基
（—COOH）、羟基（—OH）、醚键（—O—）。钙组分的添加使
得 GO-Ca 样品中存在不同化学形态的钙；由 XRD 图谱（图 5-12）
可知钙可以硫酸钙形式存在于 GO-Ca 样品中；FT-IR 分析（图
5-14）认为钙也可与 GO 中钙羧基官能团形成羧基钙形式，部分
研究[32-34]认为钙与羧基可形成多种配位结构的钙形态，综合表
征数据及相关研究可得到 GO 样品与钙反应的模型，如图 5-16。

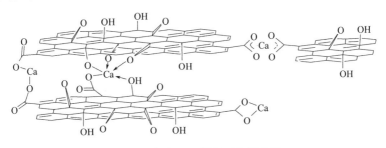

图 5-16　钙与 GO 样品反应模型图

因 GO-Ca-900$^+$ 样品经过高温处理，图 5-16 中羧基官能团在热解过程中发生了脱酸反应，而在 GO-Ca-900$^+$ 样品中仍有含氧组分。通过 GO-Ca-900$^+$ 样品在 SEM-EDS 谱图中（图 5-11）可知 GO-Ca-900$^+$ 还有钙组分残余；由 XRD 图谱（图 5-12）可知成晶型的钙组分已经不存在；FT-IR 中仅存在芳香碳（C＝C）骨架振动与醚键（—O—）的振动峰；XPS Ca 2p 谱图中 Ca 2p$^{3/2}$ 峰位向高结合能方向移动，与 Ca(CH$_3$COO)$_2$ 的 Ca 2p$^{3/2}$ 接近，认为 347.9eV 处的钙为"O—Ca—O"形态。

GO 样品因钙的存在可形成如图 5-16 的结构体，GO 在层间及片层边缘存在含氧官能团，钙可在层间起到链接作用，也可为片层与片层之间的链接中心。这样的结构体在热解过程中不断变化，最终 GO 与钙形成了"R—O—Ca—O—R′"结构体稳定存在于高温热解样品中，使得 GO-Ca-900 与 GO-Ca-900$^+$ 样品较之 GO-900 样品的石墨碳微晶尺寸更大（表 5-6）及无序化碳的比例增加（表 5-7），在钙的作用下，碳结构演变特性也发生了变化。

催化结构体"R—O—Ca—O—R′"的形成以及在钙的作用下碳骨架结构的变化两者共同作用，造成了 GO-Ca-900$^+$ 样品水蒸气气化性能远优于 GO-900。

5.5.2 机理分析

目前有两个被广泛认可的钙催化气化反应机理，分别为"CaO-CaO$_2$ 循环"[35,36] 和"CaO-CaCO$_3$ 循环"反应机理[37-39]。"CaO-CaO$_2$ 循环机理"是"氧传递机理"的延伸，以 CaO 为反应活性中心，反应气体可以吸附在 CaO 表面上，形成 CaO（O）活性中间体，吸附的（O）转移到给碳表面空位，使得碳裂解生成 CO 与 CO$_2$，进而促进反应进行。"CaO-CaCO$_3$ 循环机理"与

"电子传递机理"类似，CaO 可与煤中碳结构形成"CaO-C"活性物种，此活性物种对氧的吸附能力较强形成了 CaO-C（O），吸附的氧与碳反应生成 CO，新的氧再与"CaO-C"结合，反复循环，继而催化气化反应。

"CaO-CaO$_2$ 循环机理"以 CaO 为反应催化中心，即煤焦中只要存在 CaO 即可催化反应进行，但本书 4.4 节在 SL$^+$-500 样品中添入 CaO，其对 SL$^+$-500 样品无显著催化效果。"CaO-Ca-CO$_3$ 循环机理"以"CaO-C"为活性物种，SL$^+$-500 样品中也存在丰富的碳结构，钙对其未有显著催化作用。基于本书实验结果，"CaO-CaO$_2$"与"CaO-CaCO$_3$"循环机理都不再适用于解释钙催化胜利褐煤水蒸气气化反应。

由 4.4 节 FT-IR（图 4-11）及 NMR（图 4-13）分析可知胜利褐煤脱矿样中富含含氧组分，在低于 500℃的热解过程中煤中有机质结构以脱氧反应为主，大量羧基官能团被分解，热解气中以 CO$_2$ 与 CO 为主（图 4-17）。脱掉大部分羧基的 SL$^+$-500 样品（图 4-17）添入钙组分，钙组分对其水蒸气气化性能不再有显著影响（图 4-6）。结合第 3 章内容，可以认为羧酸官能团是钙起催化效应的关键组分。

以氧化石墨模拟脱矿胜利褐煤（SL$^+$），以无氧组分的石墨（G）比对胜利褐煤焦（SL$^+$-900），对其添加钙组分，发现钙对 GO 与 SL$^+$ 起到了显著的催化作用，而对 G 与 SL$^+$-900 水蒸气气化反应基本没有催化效应，由此可认为含氧组分在钙催化胜利褐煤或碳材料中起到关键作用[40]。对 GO 样品添钙后进行热解，对添加钙的氧化石墨热解样品进行盐酸洗脱后，水蒸气气化性能未受盐酸洗脱的影响（图 5-10）。对 GO 添加钙及其热解后样品进行详细的表征分析（SEM-EDS、XRD、Raman、FT-IR 与 XPS）发现 GO-Ca 样品中形成了羧酸钙这种化学形态的钙组分；在热解样品 XPS Ca 2p 谱图中（图 5-15）也发现了与胜利褐煤添钙焦中（图 5-7）结合能相同的钙组分，确认了"R—O—Ca—O—R′"的存在，同时通过 XRD（图 5-12）及 Raman（图 5-8 与图 5-13）分析发现钙结构体的存在对胜利褐煤热转化过程中的碳结构变化也造成影响。

结合水蒸气气化性能及 SEM-EDS、XRD、FTIR 及 XPS 多种表征方式联用推测出添钙焦样中"R—O—Ca—O—R′"结构体（5.3.3 节）是钙催化胜利褐煤水蒸气气化的活性组分[41]。综合比较胜利褐煤、焦及模型化合物水蒸气气化性能，对煤焦中碳结构及形成的钙活性结构体进行分析及模拟，得到钙对胜利褐煤水蒸气气化的催化机理，如图 5-17。同时对比在有无钙作用下，胜利褐煤热演变过程中部分结构的变化。

图 5-17 中，途径 I 为钙作用下，胜利褐煤水蒸气气化反应过程。加入的钙与胜利褐煤中羧基等官能团结合形成羧酸钙形态，随着气化温度提高，与钙结合的羧基等官能团释放出含氧气体如 CO_2、CO 和 H_2O 等，羧酸钙转化为"R—O—Ca—O—R′"结构体，成为水蒸气气化反应的催化活性中心，此结构体在高温煤焦中稳定存在，且不可被盐酸溶液洗脱除去。当气化温度高于 500℃时，催化结构体"R—O—Ca—O—R′"对水蒸气吸附解离的能力增强，从而促进了水蒸气气化反应的进行。

如图 5-17 途径 II 是无钙参与下，脱矿胜利褐煤在水蒸气气化反应过程中的反应机理。羧基等易反应的碳组分低于 500℃以气相产物离开碳结构本体，胜利褐煤有机质随着反应温度的提高继续形成新的碳微晶团簇。新的碳结构体中因未有钙组分的参与，碳结构有序且缺陷较少，碳结构对水蒸气的吸附解离能力远不及"R—O—Ca—O—R′"结构体，因此需要提高反应温度才能使碳与水蒸气气化发生反应，一旦气化反应温度提高，气化制备的合成气中 H_2 含量下降，CO 含量升高。

在 600～750℃主温区进行的水蒸气气化反应，温变过程中所

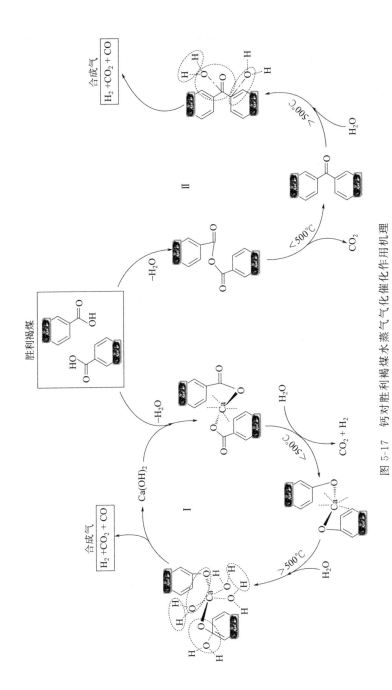

图 5-17 钙对胜利褐煤水蒸气气化催化作用机理

形成的煤焦为水蒸气气化反应主体结构。钙组分及其与煤有机质形成的"R—O—Ca—O—R′"对胜利褐煤热转化过程及其结构转化产生了显著的影响，使所形成的煤焦结构缺陷增大，稳定性降低，反应性提高。钙结构体"R—O—Ca—O—R′"是催化水蒸气气化的活性中心，同时也对煤焦结构造成影响，两方面共同作用下，大幅度降低了胜利褐煤水蒸气气化反应温度，提高了反应速率，进而保证了高氢合成气的制备。

参考文献

[1] And Y. O. , Asami K.. Ion-exchanged calcium from calcium carbonate and low-rank coals: high catalytic activity in steam gasification [J]. Energy & Fuels, 1996, 10 (2): 431-435.

[2] Li X. , Bai Z. Q. , Bai J. , et al. Effect of Ca^{2+} species with different modes of occurrence on direct liquefaction of a calcium-rich lignite [J]. Fuel Processing Technology, 2015, 133: 161-166.

[3] 朱宏伟, 徐志平, 谢丹. 石墨烯: 结构、制备方法与性能表征 [M]. 北京: 清华大学出版社, 2011.

[4] Park S. , Lee K. S. , Bozoklu G. , et al. Graphene oxide papers modified by divalent ions-enhancing mechanical properties via chemical cross-linking [J]. Acs Nano, 2008, 2 (3): 572-578.

[5] 朱廷钰, 张守玉, 黄戒介, 等. 氧化钙对流化床煤温和气化半焦性质的影响 [J]. 燃料化学学报, 2000, 28 (1): 40-43.

[6] 宋银敏, 刘全生, 滕英跃, 等. 胜利褐煤矿物质脱除及其形貌变化的研究 [J]. 电子显微学报, 2012, 31 (6): 523-528.

[7] Zhang W. , Chen S. , Han F. , et al. An experimental study on the evolution of aggregate structure in coals of different ranks by in situ X-ray diffractometry [J]. Analytical Methods, 2015, 7 (20): 8720-8726.

[8] Lu L. , Sahajwalla V. , Kong C. , et al. Quantitative X-ray diffraction anal-

ysis and its application to various coals [J]. Carbon，2001，39（12）：1821-1833.

［9］ 谢克昌. 煤的结构与反应性 ［M］.北京：科学出版社，2002.

［10］ Heek K. H. V. ，Hodek W. . Structure and pyrolysis behaviour of different coals and relevant model substances ［J］. Fuel，1994，73（6）：886-896.

［11］ Demri B. ，Muster D. . XPS study of some calcium compounds ［J］. Journal of Materials Processing Technology，1995，55（3）：311-314.

［12］ Archanjo B. S. ，Araujo J. R. ，Silva A. M. ，et al. Chemical analysis and molecular models for calcium-oxygen-carbon interactions in black carbon found in fertile amazonian anthrosoils ［J］. Environmental Science & Technology，2014，48（13）：7445-7452.

［13］ Marriott A. S. ，Hunt A. J. ，Bergström E. ，et al. Investigating the structure of biomass-derived non-graphitizing mesoporous carbons by electron energy loss spectroscopy in the transmission electron microscope and X-ray photoelectron spectroscopy ［J］. Carbon，2014，67（2）：514-524.

［14］ Li X. ，Hayashi J. ，Li C. . FT-Raman spectroscopic study of the evolution of char structure during the pyrolysis of a Victorian brown coal ［J］. Fuel，2006，85（12-13）：1700-1707.

［15］ Tuinstra F. ，Koenig J. L. . Raman spectrum of graphite ［J］. Journal of Chemical Physics，2003，53（3）：1126-1130.

［16］ Potgieter V. S. ，Maledi N. ，Wagner N. ，et al. Raman spectroscopy for the analysis of coal：a review ［J］. Journal of Raman Spectroscopy，2011，42（2）：123-129.

［17］ Botas C. ，lvarez P. ，Blanco C. ，et al. The effect of the parent graphite on the structure of graphene oxide ［J］. Carbon，2012，50（1）：275-282.

［18］ Xian H. Y. ，Peng T. J. ，Sun H. J. . Effect of particle size of natural flake graphite on the size and structure of graphene oxide prepared by the modified hummers method ［J］. Materials Science Forum，2015：185-190.

［19］ Zhang W. ，Yin B. ，Xin Y. ，et al. Preparation，mechanical properties，and biocompatibility of graphene oxide-reinforced chitin monofilament absorbable surgical sutures. ［J］. Marine drugs，2019.

[20] Si Y. , Samulski E. T. . Synthesis of water soluble graphene [J]. Nano Letters, 2008, 8 (6): 1679-1682.

[21] Hou H. , Hu X. , Liu X. , et al. Sulfonated graphene oxide with improved ionic performances [J]. Ionics, 2015, 21 (7): 1-5.

[22] Hassan H. M. A. , Abdelsayed V. , Khder A. E. R. S. , et al. Microwave synthesis of graphene sheets supporting metal nanocrystals in aqueous and organic media [J]. Journal of Materials Chemistry, 2009, 19 (23): 3832-3837.

[23] Bosch N. C. , Coronado E. , Martí G. C. , et al. Influence of the pH on the synthesis of reduced graphene oxide under hydrothermal conditions [J]. Nanoscale, 2012, 4 (13): 3977-3982.

[24] Wang C. S. , Wu G. T. , Zhang X. B. , et al. Lithium insertion in carbon-silicon composite materials produced by mechanical milling [J]. Journal of the Electrochemical Society, 1998, 145 (145): 2751-2758.

[25] Liu L. , Liu H. , Cui M. , et al. Calcium-promoted catalytic activity of potassium carbonate for steam gasification of coal char: transformations of sulfur [J]. Fuel, 2013, 112 (3): 687-694.

[26] Khani H. , Moradi O. . Influence of surface oxidation on the morphological and crystallographic structure of multi-walled carbon nanotubes via different oxidants [J]. Journal of Nanostructure in Chemistry, 2013, 3 (1): 1-8.

[27] Takaku A. , Shioya M. . X-ray measurements and the structure of polyacrylonitrile-and pitch-based carbon fibres [J]. Journal of Materials Science, 1990, 25 (11): 4873-4879.

[28] Wang L. , Zhang H. , Mou C. , et al. Dicarboxylate $CaC_8H_4O_4$ as a high-performance anode for Li-ion batteries [J]. Nano Research, 2015, 8 (2): 523-532.

[29] Rattana, Chaiyakun S. , Witit A. N. , et al. Preparation and characterization of graphene oxide nanosheets [J]. Procedia Engineering, 2012, 32 (7): 759-764.

[30] Park Y. , Shin D. S. , Woo S. H. , et al. Sodium terephthalate as an organic anode material for sodium ion batteries [J]. Advanced Materials,

2012，24（26）：3562-3567.

[31] Ghods P.，Isgor O. B.，Brown J. R.，et al. XPS depth profiling study on the passive oxide film of carbon steel in saturated calcium hydroxide solution and the effect of chloride on the film properties [J]. Applied Surface Science，2011，257（10）：4669-4677.

[32] Manzano H.，Pellenq R. J.，Ulm F. J.，et al. Hydration of calcium oxide surface predicted by reactive force field molecular dynamics [J]. Langmuir，2012，28（9）：4187-4197.

[33] Archanjo B. S.，Araujo J. R.，Silva A M.，et al. Chemical analysis and molecular models for calcium-oxygen-carbon interactions in black carbon found in fertile Amazonian anthrosoils [J]. Environ Sci Technol，2014，48（13）：7445-7452.

[34] Darkhijav，Quan L.，Yuan Y.，et al. Synthesis and crystal structure of a novel Ca（Ⅱ）coordination polymer containing dipyridine dicarboxylic ligand [J]. Chinese Journal of Structural Chemistry，2014，33（4）：585-590.

[35] Zhang Z. G.，Kyotani T.，Tomita A.. TPD study on coal chars chemisorbed with oxygen-containing gases [J]. Energy & Fuels，2002，2（5）：679-684.

[36] Chang J. S.，Adcock J. P.，Lauderback L. L.，et al. TPR and SIMS studies of $CaCO_3$ catalyzed CO_2 gasification of carbon [J]. Carbon，1989，27（4）：593-602.

[37] Cazorla A. D.，Linares S. A.，Lecea. C. S. M. D.，et al. Calcium-carbon interaction study：its importance in the carbon-gas reactions [J]. Carbon，1991，29（3）：361-369.

[38] Cazorlaamoros D.，Linaressolano A.，Gomis A. F. M.，et al. Calcium catalytic active sites in carbon-gas reactions. Determination of the specific activity [J]. Energy & Fuels，2002，5（6）：796-802.

[39] Cazorlaamoros D.，Linaressolano A.，Lecea S. M. D.，et al. A temperature-programmed reaction study of calcium-catalyzed carbon gasification [J]. Energy & Fuels，1992，6（3）：287-293.

［40］Ban Y. P. ，Liu Q. S. ，Li N. ，et al. Graphite and graphite oxide：New models to analyze the calcium catalytic effect on steam gasification of lignite and char. Energy & Fuels，2019，33（12）：12182-12190.

［41］李娜，李阳，刘全生，等.胜利褐煤焦钙催化水蒸气气化反应中活性微结构分析 ［J］.燃料化学学报，2016，44（11）：1297-1303.

第 6 章

煤热失重动力学
机理分析

煤焦的气化是指在一定温度、压力下，煤焦与气化剂（如空气、氧气、二氧化碳、水蒸气等）反应生成煤气。煤焦发生气化等热化学反应首先发生的是热解过程，即在惰性气氛（如氮气）下发生的热化学反应。煤气化过程中发生的反应非常复杂，影响因素较多，许多研究者[1-4]对其影响因素做了总结，主要包括煤阶、反应速率、煤中矿物质、气氛浓度等，研究煤气化反应性的影响因素，对气化过程的调控有指导作用。前文利用固定床气化分析法从气体生成方面讨论了褐煤气化反应性及机理，本章采用热重分析法，从煤样气化失重方面讨论气化反应机理。重点考察煤阶、矿物质、反应速率、气氛浓度等影响因素对褐煤催化气化的影响。

热重分析技术是研究煤焦热化学反应动力学的重要手段，是根据热化学反应过程中热重分析仪测得的失重量与温度值等数据，再根据基本热化学反应方程式对物料特征参数进行计算或推断，从而确定机理函数和"动力学三因子"（活化能 E、频率因子 A 和反应级数 n）等特征参数。其特点是实验量小，操作周期短，信息量大等。目前，热分析动力学在煤的研究领域中主要集中在煤的热解和燃烧特性上。本章将采用非等温热重分析法考察内蒙古地区高、中、低阶三种煤种的热解和燃烧反应动力学，为确定煤热化学反应机理、反应过程开发及反应器设计提供必要的理论依据。

6.1 动力学计算

热分析动力学是通过确定化学反应速率与反应时间、浓度和温度的关系而建立动力学方程式。用热分析法研究煤焦的气化等热化学反应时，可用 x 表示反应的转化率，其表达式如下：

$$x = \frac{w_t - w_0}{w_f - w_0} \tag{6-1}$$

式中 w_0、w_t 和 w_f 分别为煤样初始质量、煤样在 t 时刻的质量和煤样在反应结束时的质量（g）。煤焦的热化学反应属于典型的气固非均相反应，常用微分或积分形式描述其反应动力学方程，表达式如下：

$$\frac{\mathrm{d}x}{\mathrm{d}t} = k(T) \cdot f(x) \tag{6-2}$$

$$G(x) = k(T) \cdot t \tag{6-3}$$

式中，t 是反应时间；$f(x)$ 是以微分形式表示的反应机理函数；$G(x)$ 是以积分形式表示的反应机理函数，$k(T)$ 是阿伦尼乌斯方程的反应速率常数，其表达式为

$$k(T) = A \exp\left(-\frac{E}{RT}\right) \tag{6-4}$$

式中 A 为指前因子；E 为热化学反应活化能；R 为理想气体常数；T 为反应温度。$f(x)$ 和 $G(x)$ 满足如下关系式：

$$f(x) = \frac{1}{G'(x)} = \frac{1}{\mathrm{d}[G(x)]/\mathrm{d}x} \tag{6-5}$$

又因为升温速率 β 可表示为

$$\beta = \frac{T - T_0}{t} = \mathrm{d}T/\mathrm{d}t \tag{6-6}$$

式中 T_0 是起始温度。把式（6-4）和式（6-6）代入方程（6-2）中得微分形式表示的动力学方程：

$$\frac{\mathrm{d}x}{\mathrm{d}T} = \frac{A}{\beta} \exp\left(-\frac{E}{RT}\right) f(x) \tag{6-7}$$

对式（6-7）积分得

$$\int_0^x \frac{\mathrm{d}x}{f(x)} = G(x) = \frac{A}{\beta} \int_{T_0}^T \exp\left(-\frac{E}{RT}\right) \mathrm{d}T \tag{6-8}$$

令 $u=\dfrac{E}{RT}$，则 $dT=-\dfrac{E}{Ru^2}du$，代入式（6-8）并作近似处理，得积分形式表示的动力学方程：

$$G(x)=\frac{A}{\beta}\int_{T_0}^{T}\exp\left(-\frac{E}{RT}\right)dT\approx\frac{A}{\beta}\int_{0}^{T}\exp\left(-\frac{E}{RT}\right)dT$$

$$=\frac{AE}{\beta R}\int_{\infty}^{u}\frac{-e^{-u}}{u^2}du=\frac{AE}{\beta R}p(u) \tag{6-9}$$

煤焦热化学反应的动力学计算方法有微分法和积分法，而每种方法中又有数十种具体求解方法。本文主要采用 Achar 微分法[5]、Coats-Redfern 积分法（简写为 C-R 积分法）[6]、Flynn-Wall-Ozawa 积分法（简写为 FWO 积分法，又称作等转化法）来计算表观活化能等动力学参数。

6.1.1　微分法

对式（6-7）分离变量，两边取对数得 Achar 方程：

$$\ln\left[\frac{dx}{dT}\frac{1}{f(x)}\right]=\ln\frac{A}{\beta}-\frac{E}{RT} \tag{6-10}$$

或

$$\ln\left[\frac{dx}{dt}\frac{1}{f(x)}\right]=\ln A-\frac{E}{RT} \tag{6-11}$$

根据式（6-11），作 $\ln\left[\dfrac{dx}{dt}\dfrac{1}{f(x)}\right]\sim\dfrac{1}{T}$ 图，该线性拟合的斜率为 $-\dfrac{E}{R}$，截距为 $\ln A$，根据斜率和截距的值可以求出 E 和 A。

6.1.2　积分法

对式（6-9）中的温度积分项采用 C-R 近似式，并两边取对

数得 C-R 方程

$$\ln\left[\frac{G(x)}{T^2}\right] = \ln\left[\frac{AR}{\beta E}\right] - \frac{E}{RT} \tag{6-12}$$

根据式（6-12），作 $\ln\left[\dfrac{G(x)}{T^2}\right] \sim \dfrac{1}{T}$ 图，斜率为 $-\dfrac{E}{R}$，截距为 $\ln\left(\dfrac{AR}{\beta E}\right)$，则可以求出 E 和 A。

6.1.3 积分法

对式（6-9）中的 $p(u)$ 采用 Doyle 近似式，则

$$\lg[p(u)] \approx -2.315 + 0.457 \tag{6-13}$$

将式（6-13）代入式（6-9）得 FWO 方程：

$$\lg\beta = \lg\left[\frac{AE}{G(x)R}\right] - 2.315 - \frac{0.457E}{RT} \tag{6-14}$$

对于一个确定的转化率 x，式（6-14）中 $\lg\beta$ 与 $1/T$ 呈线性关系，由斜率可求得活化能 E 的值。该方法以相同转化率下不同热解温度对应不同的热解速率为着眼点，通过相同转化率下反应速率与热解温度的对应关系来求解该转化率下对应的热解活化能，可以得到一系列转化率下对应的活化能。这种方法认为反应活化能是随着转化率改变的函数，不同转化率下煤焦热解动力学特性不同，相同转化率下热解反应的化学反应动力学常数相同。FWO 所求活化能反映了整个反应区间内活化能变化，能够反映煤焦整体反应特性的变化过程。

6.2 热解特性及动力学

鉴于煤气化反应首先发生的是热解反应，本节将讨论胜利褐

煤热解特性及动力学。常采用将 Achar 微分法和 C-R 积分法相结合的方法对动力学数据进行分析。表 6-1 列出了最常用的十种不同的反应机制[7]，利用 Origin8.5 数据分析工具对表 6-1 中所有反应机制的 $\ln\left[\dfrac{\mathrm{d}x}{\mathrm{d}t}\dfrac{1}{f(x)}\right]$ 和 $\ln\left[\dfrac{G(x)}{T^2}\right]$ 分别对 $\dfrac{1}{T}$ 作图，进行线性相关分析，利用 Bagchi[8] 方法求得煤焦热解主反应阶段（即热解第二阶段）的反应机制。Bagchi 法是将原始数据和表 6-1 中所列的 $f(x)$ 和 $G(x)$ 分别代入 Achar 微分法得出的微分方程（式 6-11）和 C-R 积分法得出的积分方程（式 6-12），求出一系列活化能 E 值和指前因子 A 值。如果选择的 $f(x)$ 和 $G(x)$ 合理，则这两个方程求得的 E 和 A 值理应相近，并且所得直线的相关性系数 R^2 要在 0.98 以上，所对应的机理函数就是该反应的最概然机理函数。

表 6-1　不同机制的动力学模型函数 $f(x)$ 和 $G(x)$

函数符号	机理	微分形式 $f(x)$	积分形式 $G(x)$
化学反应			
F1	化学反应，$n=1$	$1-x$	$-\ln(1-x)$
F1.5	化学反应，$n=1.5$	$(1-x)^{3/2}$	$2\left[(1-x)^{-1/2}-1\right]$
F2	化学反应，$n=2$	$(1-x)^2$	$(1-x)^{-1}-1$
F3	化学反应，$n=3$	$0.5(1-x)^3$	$(1-x)^{-2}$
相边界反应			
R2	收缩圆柱体（面积）	$2(1-x)^{1/2}$	$1-(1-x)^{1/2}$
R3	收缩球状（体积）	$3(1-x)^{2/3}$	$1-(1-x)^{1/3}$
扩散			
D1	幂函数法则一维扩散	$1/(2x)$	x^2
D2	Valensi 二维扩散	$[-\ln(1-x)]^{-1}$	$x+(1-x)\ln(1-x)$
D3	Jander 三维扩散	$1.5(1-x)^{2/3}\left[1-(1-x)^{1/3}\right]^{-1}$	$\left[1-(1-x)^{1/3}\right]^2$
D4	GB 三维扩散	$1.5\left[(1-x)^{-1/3}-1\right]^{-1}$	$(1-2x/3)-(1-x)^{2/3}$

6.2.1　煤阶对热解失重特性影响

利用德国 NETZSCH 公司 409 型热重-差示扫描量热仪热重

分析仪对胜利褐煤 SL、神华烟煤 SH 和巴彦淖尔无烟煤 BY 进行热解，煤样的工业分析和元素分析如表 6-2 和表 6-3 所示。其中粒径为 0.075～0.150mm，氮气为载气，升温速率为 $10℃ \cdot min^{-1}$，热解终温 900℃。

表 6-2 不同煤阶煤样工业分析（质量分数）

煤样	A_d	V_d	FC_d	FC_d
SL	11.34	39.7	48.96	48.96
SH	12.11	31.09	56.8	56.8
BY	9.93	21.41	68.66	68.66

注：d 为干燥基（下同）。

表 6-3 不同煤阶煤样元素分析（质量分数）

煤样	H_d	C_d	N_d	$S_{t,d}$	O_d^*
SL	4.12	62.14	0.84	1.39	18.63
SH	3.44	71.79	0.91	0.21	18.05
BY	4.56	77.76	2.32	0.49	4.94

* 代表差减法。

注：$S_{t,d}$ 代表干燥基全硫。

煤在惰性气氛条件的热解过程包括物理变化和化学变化，其中在 200℃ 之前主要发生脱除吸附在煤体表面的自由水或结合水的物理变化，在 200℃ 到热解终温 900℃ 温区内，主要发生煤体化学键断裂的化学变化，并伴随有气体和液体生成，同时发生生成焦炭等复杂的化学变化。由于水分的失重曲线部分对分析煤样整个热解失重过程发生化学变化的热解失重曲线部分没有影响，因此本节对热解失重曲线进行处理，不考虑水分的失重部分，把 200℃ 的热解失重数据认为是煤样的净重，然后对 200～900℃ 温区内煤样的失重曲线进行归一化处理，分析煤样的热解失重过程。热解 TG-DTG 曲线如图 6-1 所示，热解失重量如表 6-4 所示，热解特征参数如表 6-5 所示。

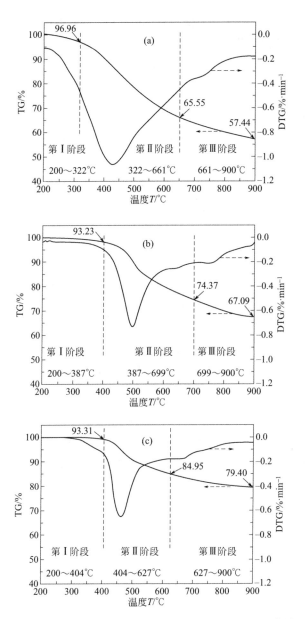

图 6-1　不同煤阶煤（SL、SH 和 BY）热解 TG-DTG 曲线
a—SL，200～900℃；b—SH，200～900℃；c—BY，200～900℃

表 6-4　不同煤阶煤样（SL、SH 和 BY）热解阶段失重量

煤样	热解第一阶段		热解第二阶段		热解第三阶段		总失重 Δw /%
	温区/℃	失重 Δw_1 /%	温区/℃	失重 Δw_2 /%	温区/℃	失重 Δw_3 /%	
SL	200～322	3.04	322～661	31.41	661～900	8.11	42.56
SH	200～387	1.77	387～699	23.86	699～900	7.28	32.91
BY	200～404	1.19	404～627	13.86	627～900	5.55	20.60

表 6-5　不同煤阶煤（SL、SH 和 BY）热解特征参数

煤样	T_i /℃	T_f /℃	$\Delta T_{1/2}$ /℃	$(dw/dt)_{max}$ /% · min^{-1}	$(dw/dt)_{mean}$ /% · min^{-1}	Δw_{max} /%	P /(%^{3} · min^2 · ℃^{2})
SL	295.8	811.2	290.8	1.0597	0.2818	42.56	8.34×10^{-5}
SH	381.6	836.2	99.5	0.7263	0.0909	32.91	1.25×10^{-5}
BY	397.4	801.2	77.5	0.6556	0.0891	20.60	0.75×10^{-5}

注：为了直观表示，文中所有 dw/dt 值均取其绝对值。

根据图 6-1 煤样热解 DTG 曲线可知，煤样在 200～900℃ 温度区间内大致呈现三个失重峰，结合文献[9] 可将三个煤样的热解过程大致分为三个阶段。表 6-4 列出了煤样在三个热解阶段的失重情况。总体来说，三种煤样在反应第一阶段和第三阶段的失重量较小，而第二阶段的失重量较多，Anthony[10] 等研究了煤热解温度和失重率的关系，认为热解失重率随热解温度的升高先提高，随后变得平缓。

定义煤样的热解特征综合指数 P[11] 为：

$$P = \frac{(dw/dt)_{max}(dw/dt)_{mean}\Delta w_{max}}{T_i(T_f - T_i)}$$

式中，T_i 和 T_f 分别为热解起始和结束温度（℃），Δw_{max} 和 $(dw/dt)_{max}$ 分别为最大热解失重量（%）和相应的最大失重速率（% · min^{-1}），$(dw/dt)_{mean}$ 为热解反应平均速率（% · min^{-1}）。

由热解特征综合指数 P 的定义式可知，P 综合考虑了热解

最大反应速率、平均反应速率、最大失重量、热解初始温度和热解温度区间等参数与热解反应活性的关联性。P 与最大反应速率、平均反应速率和最大失重量成正比，与热解初始温度和热分解温度区间成反比，是一个反映煤样在整个热解区间内的热解反应活性的物理量。P 越大，煤样在该热解条件下热解反应活性越大，热解反应进行得越剧烈，挥发分的析出也越容易。

由表 6-5 可知，随着煤阶的增加，煤样热解起始温度 T_i 呈上升趋势。SH 的热解终温 T_f 最高，BY 的热解终温 T_f 最低。SL 褐煤有最大的半峰宽 $\Delta T_{1/2}$ ［$\Delta T_{1/2}$ 表示（$\mathrm{d}w/\mathrm{d}t$）/（$\mathrm{d}w/\mathrm{d}t$）$_{\max}$＝$1/2$ 对应的温度范围］和最大失重量 $\Delta w_{\max}$，而高阶煤 BY 有最小的 $\Delta T_{1/2}$ 和 $\Delta w_{\max}$，次烟煤 SH 的 $\Delta T_{1/2}$ 和 $\Delta w_{\max}$ 的值处于 SL 和 BY 中间，表明随着煤阶的增加，煤热解反应区间变窄，且最大失重量变小。在低温热解过程中高阶煤析出的挥发分较少，从而使最大失重降低。煤样热解特征综合指数 P 值大小顺序为 SL＞SH＞BY，说明在该热解条件下，变质程度较低的 SL 褐煤热解反应活性更大，反应更剧烈。这与煤化学的理论相符，也与文献[12] 的研究结论是一致的。说明热解特征综合指数 P 能够准确地反映煤种对煤的热解反应活性的影响规律。随着煤阶的增加，煤的主体结构中脂肪链结构单元和侧链含氧官能团结构单元减少，煤中较大的含芳环结构单元增多，这种较大的缩合芳环使得体系的共轭程度较高，电荷因发生离域现象而均匀分布，体系能量较低，活性中心相对较少，供反应所需的缺陷位减少，在相同的热解温度下，高阶煤具有较低的反应性。有学者对此结论也做了解释，梁鼎成等[13] 对三种不同煤阶煤的微晶结构进行表征，发现随着煤阶的增加，煤的石墨化度、微晶堆积高度和径向尺寸增加，层间距降低；赵丽红[14] 研究了伊泰煤焦、灵石煤焦和河津煤焦三种不同煤阶煤的热解反应性，发现在相同的反应条件下，低阶煤的热解反应性高于高阶煤。

6.2.2 煤阶对热解动力学影响

利用 Achar 微分法和 C-R 积分法相结合的方法计算三种煤样热解主反应阶段（即热解第二阶段）的动力学。以 SL 煤为例，将表 6-1 中所有 $f(x)$ 和 $G(x)$ 的表达式分别代入 $\ln\left[\dfrac{\mathrm{d}x}{\mathrm{d}t}\dfrac{1}{f(x)}\right]$ 和 $\ln\left[\dfrac{G(x)}{T^2}\right]$，并分别对 $\dfrac{1}{T}$ 作图，进行线性相关分析，如图 6-2 所示。所得动力学参数结果见表 6-6。

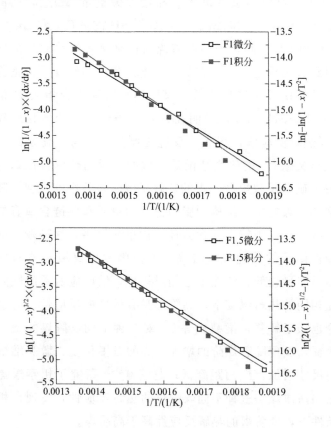

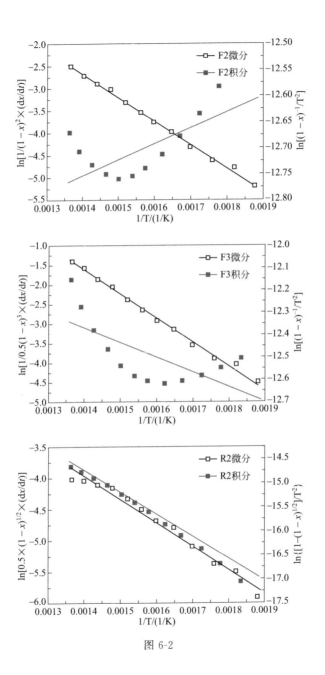

图 6-2

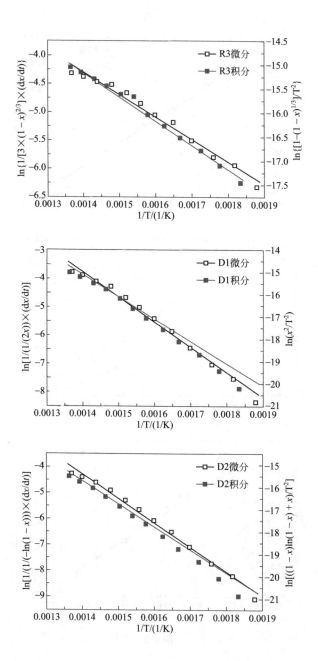

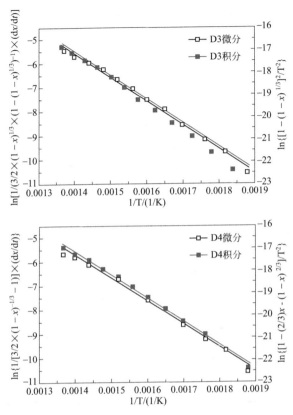

图 6-2 应用 10 种动力学模型通过 Achar 微分法和 Coatse-Redfern
积分法求解 SL 热解动力学参数图

表 6-6 不同煤阶煤（SL、SH 和 BY）热解动力学参数

煤样	函数	Achar 微分法			C-R 积分法		
		E /kJ·mol^{-1}	A/s^{-1}	R^2	E /kJ·mol^{-1}	A/s^{-1}	R^2
SL	**F1**	**35.30**	**1.76E+01**	**0.9843**	**40.26**	**3.78E+01**	**0.9984**
	F1.5	**39.34**	**4.21E+01**	**0.9910**	**42.32**	**6.21E+01**	**0.9996**
	F2	43.38	1.01E+02	0.9933	−2.53	—	0.5253
	F3	51.31	1.13E+03	0.9916	5.62	7.45E-02	0.5239

煤样	函数	Achar 微分法			C-R 积分法		
		E /kJ·mol^{-1}	A/s^{-1}	R^2	E /kJ·mol^{-1}	A/s^{-1}	R^2
SL	R2	31.40	3.76E+00	0.9708	38.35	1.19E+01	0.9966
	R3	32.79	3.39E+00	0.9771	38.99	9.27E+00	0.9973
	D1	**77.37**	**6.46E+03**	**0.9866**	**83.35**	**3.44E+04**	**0.9959**
	D2	**78.09**	**7.24E+03**	**0.9906**	**85.80**	**3.01E+04**	**0.9973**
	D3	**82.36**	**4.05E+03**	**0.9944**	**88.37**	**1.21E+04**	**0.9983**
	D4	**79.52**	**2.20E+03**	**0.9922**	**86.66**	**8.15E+03**	**0.9976**
SH	F1	116.45	1.85E+07	0.9925	81.19	1.74E+04	0.9914
	F1.5	125.59	9.00E+07	0.9955	85.84	4.11E+04	0.9898
	F2	134.73	4.39E+08	0.9973	5.97	4.21E-02	0.6312
	F3	153.01	2.08E+10	0.9982	24.25	4.06E+00	0.8731
	R2	107.31	1.89E+06	0.9875	76.70	3.77E+03	0.9930
	R3	110.35	2.14E+06	0.9894	78.18	3.31E+03	0.9925
	D1	**182.85**	**2.43E+11**	**0.9962**	**157.06**	**1.14E+09**	**0.9951**
	D2	**191.66**	**5.60E+11**	**0.9973**	**162.72**	**1.57E+09**	**0.9943**
	D3	**200.07**	**5.37E+11**	**0.9977**	**168.66**	**1.02E+09**	**0.9934**
	D4	**194.74**	**2.12E+11**	**0.9976**	**164.70**	**4.99E+08**	**0.9940**
BY	F1	177.54	2.33E+11	0.9773	123.45	4.78E+07	0.9955
	F1.5	187.59	1.37E+12	0.9820	128.54	1.22E+08	0.9949
	F2	197.65	8.10E+12	0.9857	7.89	8.26E-02	0.8130
	F3	217.76	5.63E+14	0.9910	28.39	1.10E+01	0.9348
	R2	167.48	1.98E+10	0.9714	118.49	9.57E+06	0.9961
	R3	170.83	2.38E+10	0.9735	120.13	8.64E+06	0.9959
	D1	**283.38**	**3.11E+18**	**0.9919**	**239.15**	**3.53E+15**	**0.9969**
	D2	**292.71**	**8.09E+18**	**0.9927**	**245.50**	**5.56E+15**	**0.9966**
	D3	**302.79**	**1.07E+19**	**0.9939**	**252.09**	**4.06E+15**	**0.9962**
	D4	**296.09**	**3.27E+18**	**0.9931**	**247.70**	**1.84E+15**	**0.9965**

由图 6-2 和表 6-6 可知，根据 Bagchi 法，化学反应模型（F1
和 F1.5）和扩散模型（D1、D2、D3 和 D4）可以较好地模拟 SL
的热解反应，所得相关系数 R^2 均大于 0.98。其中化学反应模型
所计算的表观活化能为 35.30～42.32kJ·mol^{-1}，扩散模型所得
表观活化能为 77.37～88.37kJ·mol^{-1}。SH 和 BY 求解动力学的
方法和过程同 SL，所得动力学参数列于表 6-6 中。根据 Bagchi
法，扩散模型（D1、D2、D3 和 D4）可以很好地模拟 SH 和 BY
的热解，说明 SH 和 BY 的热解过程主要受扩散控制。根据图 6-1
三种煤样的热解失重 TG-DTG 曲线可知，SL 热解主反应区的温
区较宽，处于低中温区，而 SH 和 BY 的反应区较窄，处于中温
区。因此，SL 的热解活化能包含了由低温区化学反应控制和中
温区扩散控制的两部分活化能，而 SH 和 BY 的热解活化能只由
中温区扩散控制的活化能构成。其中 SH 所得表观活化能为
157.06～200.07kJ·mol^{-1}，而 BY 所得表观活化能为 239.15～
302.79kJ·mol^{-1}。由图 6-3 可直观地得出，随碳含量的增加，
由扩散控制的热解活化能显著增加，即三种煤所求得热解表观活
化能值的顺序为 $E_{SL} < E_{SH} < E_{BY}$，而相应的指前因子的顺序为
$A_{SL} < A_{SH} < A_{BY}$，这符合活化能和指前因子之间的补偿效应。

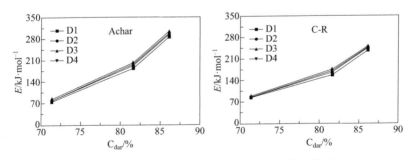

图 6-3　不同扩散模型热解活化能与碳含量的关系

三种煤中，由于 SL 褐煤含有大量的键能较弱的桥键、侧链
和含氧官能团，以及较多供反应所需要的缺陷位，而热解主要发

生的反应包括键能较弱的桥键、侧链的断裂以及热稳定性差的官能团的降解，因此 SL 热解反应所需要相对较低的能量，表现出的表观活化能也较低。BY 无烟煤结构中易于反应的桥键、脂肪侧链和含氧官能团最少，芳香化程度最高，因此热解反应需要的能量最高，表现出的表观活化能也最高。而 SH 次烟煤的热解表观活化能处于 SL 和 BY 之间。三种煤样随着煤阶的增加，热解反应性减弱，所需活化能升高。在计算煤样热解动力学的过程当中，多种模型可以较好地表示同一种煤样热解过程，说明煤样的热解是多个反应同时进行的复杂过程。

6.2.3　胜利褐煤不同热解转化率下的热解特性

升温速率对煤的热解过程有重要的影响，不同升温速率产生不同的热解特性，升温速率可以改变颗粒内外产物浓度梯度，影响传质。本节以锡林郭勒胜利褐煤 SL 为例，考察升温速率分别取 5℃ · min^{-1}、10℃ · min^{-1}、20℃ · min^{-1} 和 40℃ · min^{-1} 时，煤样的热解特性。

图 6-4 为 SL 煤不同热解升温速率条件下的 TG 和 DTG 曲线图。考虑到从室温到 200℃区间内主要发生包括脱除吸附水、吸附气体以及脱除煤体自身结晶水的物理变化，把 200℃的热重数据认为是煤样的净重，然后对 200～900℃温区内煤样的失重曲线进行归一化处理，分析不同升温速率下煤样的热重过程。表 6-7 列出了 SL 褐煤在不同升温速率条件下的热解特征参数。由图 6-4 和表 6-7 可知，随着升温速率的增加，煤样热解起始温度 T_i、最大速率峰温 $T_{\max}$ 和热解终了温度 T_f 均增加，即热解反应区向高温区移动，产生热滞后现象。吕太等[15] 也发现，热解特征温度（挥发分初释温度、热解反应终温和最大失重峰温）随着升温速率增大而增大。这是因为 SL 褐煤热解是吸热反应，其导热性能差，传热需要一定的时间，当升温速率增加时，煤样内部不能及

时升温，热解会产生滞后。DTG 曲线峰值增大，相应的最大失重速率由 5℃·min^{-1} 时的 0.7078%·min^{-1} 增加到 40℃·min^{-1} 时的 4.5229%·min^{-1}，即热解失重速率随升温速率的增大而增大。升温速率为 5℃·min^{-1} 和 10℃·min^{-1} 的热解半峰宽几乎相等，分别为 292.3℃和 290.8℃。升温速率为 20℃·min^{-1} 和 40℃·min^{-1} 的热解半峰宽也几乎相等，分别为 336.2℃和 334.8℃。说明快速升温（20℃·min^{-1} 和 40℃·min^{-1}）比慢速升温（5℃·min^{-1} 和 10℃·min^{-1}）的温度范围变宽，且快速升温（20℃·min^{-1} 和 40℃·min^{-1}）比慢速升温（5℃·min^{-1} 和 10℃·min^{-1}）总失重量增加。可能的原因是，当热解升温速率升高时，煤结构受到强烈热冲击，煤大分子的脂肪侧链和芳香环的断裂速度变快，产生大量自由基碎片，挥发分急剧释放而使得失重量增大。骆艳华等[16] 研究了不同升温速率下相同粒度煤样的热解，发现随着热解升温速率的提高，热滞后现象较明显，热解的总产气率和热解气体的生成速率随升温速率的升高而增大，当反应结束时，热失重较多；Anthony[10] 研究了不同升温速率下煤的热解，发现当升温速率从 1℃·s^{-1} 提高到 10^4℃·s^{-1} 时，热解失重率增加 10%；钱卫等[11] 关联了热解反应结束温度和失重量之间的关系，认为热解反应结束温度高，则总失重量多。

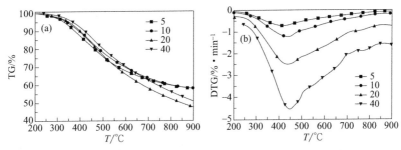

图 6-4　胜利褐煤在不同升温速率条件下热解的 TG 和 DTG 曲线
a—TG 曲线；b—DTG 曲线

表 6-7　不同升温速率条件下 SL 热解特征参数

升温速率 /(℃/min)	T_i /℃	T_{max} /℃	T_f /℃	$T_{1/2}$ /℃	$(dw/dt)_{max}$ /% · min^{-1}	$(dw/dt)_{mean}$ /% · min^{-1}	Δw_{max} /%	$P/(\%^3 \cdot min^{-2} \cdot ℃^{-2})$
5	286.1	413.6	791.7	292.3	0.7078	0.2038	42.77	4.26×10^{-5}
10	295.8	434.2	811.2	290.8	1.0597	0.2818	42.56	8.34×10^{-5}
20	309.6	440.1	839.4	336.2	2.4918	0.823	52.69	65.90×10^{-5}
40	332.3	448.9	851.9	334.8	4.5229	1.7328	49.03	223.0×10^{-5}

　　煤样热解特征综合指数 P 值也随着升温速率的增加而明显增大，从 5℃ · min^{-1} 升高到 10℃ · min^{-1} 时，P 值增加幅度较小。当升温速率从 10℃ · min^{-1} 提高到 40℃ · min^{-1} 时，P 值增加幅度较大，几乎呈线性增加。说明热解反应活性随升温速率的提高而升高，高升温速率使得反应更剧烈，这与文献[17] 得出的结论一致。

6.2.4　胜利褐煤不同热解转化率下的热解动力学

　　用 FWO 法计算 SL 煤在四个不同升温速率（5℃ · min^{-1}、10℃ · min^{-1}、20℃ · min^{-1} 和 40℃ · min^{-1}）条件下热解主反应阶段（即热解第二阶段）的动力学。选取主反应区热解转化率 x 为 10%、20%、30%、40%、50%、60%、70%、80% 和 90%，作 $\frac{1}{T} \sim lg\beta$ 曲线，并对其进行线性拟合（如图 6-5 所示），结果见表 6-8。

　　由表 6-8 可知，FWO 法拟合不同转化率下活化能的线性相关性系数 R^2 的范围为 0.9801～0.9987，说明拟合较好。为了更直观地表示转化率和活化能之间的关系，以转化率 x 为横坐标，活化能 E 为纵坐标作图（如图 6-6 所示）。由图 6-6 可知，在转

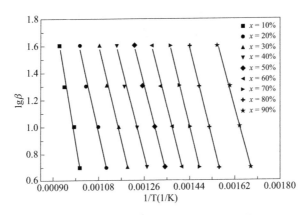

图 6-5　等转化法求解 SL 热解表观活化能 E

表6-8　FWO 方法计算 SL 热解表观活化能值

转化率 x / %	E / kJ · mol^{-1}	R^2
10	199.44	0.9801
20	151.21	0.9833
30	142.90	0.9865
40	134.12	0.9888
50	131.32	0.9897
60	137.91	0.9916
70	140.84	0.9959
80	135.88	0.9987
90	124.56	0.9965
平均值	144.24	—

化率 x 为 10％时对应的活化能 E 最高为 199.44kJ · mol^{-1}，随着转化率的提高，在 x 为 50％～90％范围内，热解活化能 E 呈先升高再降低的小幅波动。当转化率 $x=50$％时，活化能 E 出现"波谷"为 131.32kJ · mol^{-1}，随后在 $x=70$％时活化能 E 出现"波峰" 140.84kJ · mol^{-1}，最后在 $x=90$％时活化能 E 降低到最低值

124.56kJ·mol^{-1}，与 $x=10\%$ 时对应的活化能相差 74.88kJ·mol^{-1}。说明随着转化率的升高，热解活化能总体呈现下降趋势，不同的转化率对应不同的反应机制，所得到的活化能不同。

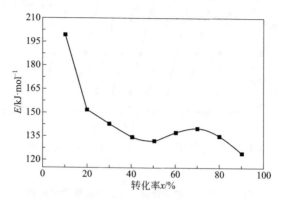

图 6-6　SL 热解表观活化能 E 与转化率 x 的关系图

从图 6-6 可知，胜利褐煤热解表观活化能主要分为三个阶段。第一阶段为转化率 $10\%\sim30\%$，这一阶段主要是胜利褐煤热解反应阶段，主要以煤的解聚和分解反应为主，胜利褐煤结构中的分子侧链断裂和桥键的裂解主要发生在此阶段，表观活化能较高。第二阶段为转化率 $30\%\sim70\%$，此阶段为胜利褐煤热解和大分子自由基缩合过程的过渡阶段，胜利褐煤在这个过程中仍有部分热裂解反应发生，并伴随煤裂解产生的自由基之间的缩合反应。第三阶段为转化率 $70\%\sim90\%$，此阶段胜利褐煤热裂解反应不占主要部分，主要表现在裂解自由基的缩聚反应，小分子脱落失氢，残留缩聚成焦炭，失重量较少，因而表观活化能较低。利用 FWO 法计算的平均活化能为 144.24kJ·mol^{-1}，比前文利用 Achar 微分法和 C-R 积分法确定的活化能（$35.30\sim88.37$kJ·mol^{-1}）要高，这是由于温度积分的近似解式（6-13）中的 $p(u)$ 值选取的不同造成的。周华[18] 计算煤的热解活化能时也发现利用 FWO 法所得活化能值偏高。

6.2.5　胜利褐煤固有矿物质对热解失重影响

对胜利褐煤 SL 进行盐酸处理，洗掉其中的矿物质，然后考察其热解特性。工业分析如表 6-9 所示。煤样的干燥基灰分明显降低，由原煤 SL 的 12.88% 降低到 SL+ 的 5.60%。灰分的降低说明，盐酸处理煤样可有效脱除其中的部分固有矿物质。

表 6-9　胜利褐煤原煤及脱矿物质煤样工业分析（质量分数）

煤样	A_d	V_d	V_{daf}	FC_d	FC_{daf}
SL	12.88	35.01	40.20	52.11	59.81
SL+	5.60	40.70	43.11	53.70	56.89

图 6-7 是胜利原煤 SL 和盐酸洗煤 SL+ 煤样热解的 TG 和 DTG 曲线图。以 200℃ 作为作图起始点，并将此时 200℃ 煤样的量归一化处理作为起始样重，主要讨论煤样在 200℃ 到终温区间的化学反应变化。

根据图 6-7 可将煤样的热解过程大致分为三个阶段（见表 6-10）。分别是热解起始阶段（发生部分脱羧基反应，产生少量二氧化碳）、热解主要阶段（称为一次热解反应，发生大分子结构中桥键断裂，脂肪侧链降解，含氧官能团脱除等反应）和热解终了阶段（发生缩聚反应和部分碳酸盐的分解反应即二次裂解反应）。由表 6-10 可知，盐酸洗煤 SL+ 的热解起始阶段和热解主要阶段分别为 200~316℃ 和 316~639℃，均较原煤 SL（分别为 200~322℃ 和 322~661℃）的温区窄，而 SL+ 在热解终了阶段的温区为 639~900℃，比 SL 的温区 661~900℃ 宽。SL+ 三个阶段的失重量分别为 3.50%、26.07% 和 6.94%。SL+ 在热解主反应阶段（即热解第二阶段）较原煤 SL 失重少，可能是由于脱除了能促使 CO_2 和 CH_4 生成的矿物质而造成，从而使得原煤 SL 在主反应区

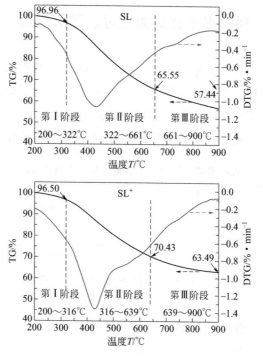

图 6-7 SL 和 SL⁺ 热解 TG-DTG 曲线

间失重比 SL⁺ 多。在第三阶段热解终了阶段，SL⁺ 失重也较 SL少，可能由于矿物质的脱除，使得部分能够在高温分解的含矿物质碳酸盐等易分解的成分减少而致。综合第二和第三阶段失重量，最终导致 SL⁺ 总失重量（36.51%）低于 SL（42.56%）。赵云鹏[19] 对陕西神东煤、宁夏灵武煤和新疆哈密煤进行脱灰处理研究其热解特性时也发现，脱除矿物质后使煤总的热失重较原煤低；姜建勋[20] 研究结果表明，原煤脱除矿物质后，其最终热解转化率降低，可能的原因是，脱除矿物质后，使煤样在热解过程中所产生的自由基不能被有效地固定，生成的自由基发生聚合生成半焦，从而增加了半焦产率。

表 6-10　SL 和 SL$^+$ 热解阶段失重量

煤样	热解第一阶段		热解第二阶段		热解第三阶段		总失重 Δw/%
	温区/℃	失重 Δw_1/%	温区/℃	失重 Δw_2/%	温区/℃	失重 Δw_3/%	
SL	200～322	3.04	322～661	31.41	661～900	8.11	42.56
SL$^+$	200～316	3.50	316～639	26.07	639～900	6.94	36.51

由表 6-11 煤样的热解特征参数可知，与原煤相比，盐酸洗煤脱除矿物质后，煤样的热解起始温度 T_i 和热解终温 T_f 均下降，热解半峰宽 $T_{1/2}$ 变小，最大失重温度 T_{max} 和相应的速率 $(\mathrm{d}w/\mathrm{d}t)_{max}$ 均升高。T_{max} 由原煤的 428.9℃ 提高到 431.2℃，$(\mathrm{d}w/\mathrm{d}t)_{max}$ 由原煤的 $1.0597\% \cdot min^{-1}$ 提高到 $1.3604\% \cdot min^{-1}$，而最大热解失重量 Δw_{max} 由 42.56% 降低到 36.51%。煤样热解特征综合指数 P 值也由原煤的 $8.34 \times 10^{-5}\%^3 \cdot min^{-2} \cdot ℃^{-2}$ 提高到 $12.06 \times 10^{-5}\%^3 \cdot min^{-2} \cdot ℃^{-2}$。$P$ 值的增加，主要是受最大失重速率 $\mathrm{d}w/\mathrm{d}t$ 的影响，而 P 值越大，表明反应活性越高，即脱除矿物质后，煤热解反应活性增强，反应更剧烈，这与文献[21] 的结论不一致，而 Otake 等[22] 的实验结果表明，煤中固有矿物质对热解气的组成有影响，而对热解总失重影响作用较小；张军[23] 等的研究表明，煤中的固有矿物质对煤热解有促进作用也有抑制作用，产生何种作用取决于煤的矿物质组成和显微组分。目前，研究者对煤中固有矿物质对其热解作用的机理尚没有统一的认识。

表 6-11　SL 和 SL$^+$ 热解特征参数

煤样	T_i/℃	T_f/℃	$T_{1/2}$/℃	T_{max}/℃	$(\mathrm{d}w/\mathrm{d}t)_{max}$/% $\cdot$ min^{-1}	$(\mathrm{d}w/\mathrm{d}t)_{mean}$/% $\cdot$ min^{-1}	Δw_{max}/%	P/($\%^3 \cdot$ min^{-2} $\cdot$ ℃$^{-2}$)
SL	295.8	811.2	290.8	428.9	1.0597	0.2818	42.56	8.34×10^{-5}
SL$^+$	274.0	767.7	280.4	431.2	1.3604	0.3285	36.51	12.06×10^{-5}

6.2.6 胜利褐煤固有矿物质热解动力学分析

对煤样热解主反应阶段（即热解第二阶段）进行动力学求解，所得动力学参数结果见表 6-12。

表 6-12　SL 和 SL$^+$ 煤样热解动力学参数

煤样	函数	Achar 微分法			C-R 积分法		
		E /kJ·mol^{-1}	A/s^{-1}	R^2	E /kJ·mol^{-1}	A/s^{-1}	R^2
SL	F1	35.30	1.76E+01	0.9843	40.26	3.78E+01	0.9984
	F1.5	39.34	4.21E+01	0.9910	42.32	6.21E+01	0.9996
	F2	43.38	1.01E+02	0.9933	−2.53	—	0.5253
	F3	51.31	1.13E+03	0.9916	5.62	7.45E-02	0.5239
	R2	31.40	3.76E+00	0.9708	38.35	1.19E+01	0.9966
	R3	32.79	3.39E+00	0.9771	38.99	9.27E+00	0.9973
	D1	77.37	6.46E+03	0.9866	83.35	3.44E+04	0.9959
	D2	78.09	7.24E+03	0.9906	85.80	3.01E+04	0.9973
	D3	82.36	4.05E+03	0.9944	88.37	1.21E+04	0.9983
	D4	79.52	2.20E+03	0.9922	86.66	8.15E+03	0.9976
SL$^+$	**F1**	**30.54**	**4.93E+01**	**0.9962**	**34.37**	**1.27E+01**	**0.9938**
	F1.5	33.51	1.83E+01	0.9727	35.88	1.87E+01	0.9950
	F2	36.49	3.61E+01	0.9671	−4.09	—	0.8277
	F3	42.44	2.80E+02	0.9570	1.92	1.30E-02	0.1700
	R2	27.57	2.36E+00	0.9840	32.90	4.35E+00	0.9917
	R3	28.56	1.97E+00	0.9822	33.39	3.29E+00	0.9925
	D1	**66.05**	**2.05E+03**	**0.9989**	**72.95**	**5.98E+03**	**0.9926**
	D2	**68.96**	**1.99E+03**	**0.9987**	**74.81**	**4.68E+03**	**0.9938**
	D3	**71.91**	**8.66E+02**	**0.9981**	**76.74**	**1.66E+03**	**0.9949**
	D4	**69.92**	**5.50E+02**	**0.9986**	**75.45**	**1.22E+03**	**0.9942**

结合图 6-7 和表 6-12 分析知，与胜利原煤 SL 相比，SL^+ 热解主反应区的温度区间也处于低中温区，反应也可以利用化学反应模型（F1）和扩散模型（D1、D2、D3 和 D4）进行模拟，说明 SL^+ 煤样的热解是多个反应同时进行的复杂过程，计算求得的活化能值均低于原煤 SL，拟合相关系数均大于 0.98。其中化学反应模型（F1）所计算的表观活化能为 $30.54 \sim 34.37\text{kJ} \cdot \text{mol}^{-1}$，低于原煤化学反应模型（F1 和 F1.5）所计算的表观活化能（$35.30 \sim 42.32\text{kJ} \cdot \text{mol}^{-1}$）；扩散模型（D1、D2、D3 和 D4）所得表观活化能约 $66.05 \sim 76.74\text{kJ} \cdot \text{mol}^{-1}$，低于原煤扩散模型（D1、D2、D3 和 D4）所得表观活化能（约 $77.37 \sim 88.37\text{kJ} \cdot \text{mol}^{-1}$）。而相应的 SL^+ 热解指前因子 A_{SL^+} 也低于原煤的指前因子 A_{SL}，这符合活化能和指前因子之间的补偿效应。由于 SL^+ 含有较多易于反应的含氧官能团，且 C=C 键较原煤增强，即 sp^2 杂化程度降低，芳香性减弱，因此热解反应需要的能量低，表现出的表观活化能也较低。盐酸洗煤脱矿物质后，使得煤样的热解反应性增强，所需活化能降低，即胜利原煤中固有矿物质对其热解反应性有抑制作用。

6.3　空气气氛下气化反应特性及动力学

煤样在空气气氛下气化动力学的计算过程可类似于热解过程，仍可采用将 Achar 微分法和 C-R 积分法相结合的方法对动力学数据进行分析。将表 6-1 中所有的 $f(x)$ 和 $G(x)$ 的表达式分别代入 $\ln\left[\dfrac{\text{d}x}{\text{d}t}\dfrac{1}{f(x)}\right]$ 和 $\ln\left[\dfrac{G(x)}{T^2}\right]$，并分别对 $\dfrac{1}{T}$ 作图，进行线性相关分析，利用 Bagchi 方法求得煤焦在空气气化下气化过程主要反应阶段（即第三阶段）的反应机制。

6.3.1 空气气氛下煤阶对气化失重特性影响

在空气气氛下，以 10℃·min^{-1} 的升温速率将煤样从室温升温到 900℃进行热分析。SL、SH 和 BY 三个煤样的气化 TG 和 DTG 曲线如图 6-8 所示，实验表明，三种煤样从氧化到气化燃烧的整个过程，TG 和 DTG 曲线趋势相同。由文献[24,25] 并结合实验结果将煤从吸氧氧化到气化燃烧的整个过程，大致可分水分蒸发失重和化学吸氧阶段、挥发分的析出和焦渣形成阶段、燃烧阶段、燃烬阶段等四个阶段。

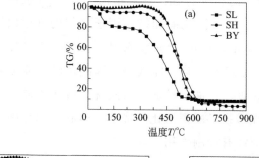

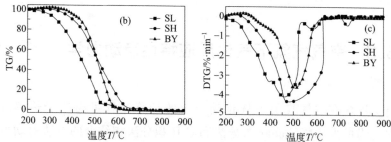

图 6-8　空气气氛下不同煤阶煤（SL、SH 和 BY）气化的 TG 和 DTG 曲线
a—TG 曲线，25～900℃；b—TG 曲线，200～900℃；c—DTG 曲线，200～900℃

从图 6-8（a）可知，在水分蒸发失重和化学吸氧的第一阶段，TG 曲线先缓慢降低然后缓慢上升，在此阶段煤的外在水分与内在

水分都被蒸发掉，失去水分的干焦样会进一步吸氧，并在焦表面与氧发生焦氧复合反应，生成焦氧复合物而使焦样增重，至焦样起明火前达到最大值。在挥发分析出和焦渣形成的第二阶段，煤受热分解放出大量气体，这些气体主要是稠环芳香体系周围的烷基侧链、含氧官能团和桥键开始裂解或解聚，并以小分子形式挥发。第三阶段的气化燃烧阶段是煤燃烧的主反应区。第四阶段燃烬阶段是灰渣的生成阶段，是指主要燃烧过程结束，在该阶段有一个小峰，可能是一些含有矿物质的易分解的碳酸盐等盐类的分解反应。也有学者把前两个阶段作为一个阶段，按照三个阶段来研究煤样的燃烧。魏砾宏[26] 研究了鹤岗煤、准噶尔和铁法煤的燃烧特性，将燃烧过程分为三个阶段，即脱水脱气阶段（室温～约 300℃）、燃烧阶段（300～600℃）和燃烬阶段（600～800℃）。

一般认为煤在燃烧初始阶段 200℃之前为脱除煤中的游离水和表面吸附气，因此本节在研究煤焦气化燃烧性能时对 TG 曲线进行干燥无灰基处理。图 6-8 （b）为 SL、SH 和 BY 经干燥无灰基处理后重新归一化所得的 TG 曲线。图 6-8 （a）与图 6-8 （b）中主燃区（即燃烧第三阶段）曲线形状及趋势完全一样，因此，在后文涉及煤焦的燃烧 TG-DTG 曲线，均按照干燥无灰基归一化处理。

由于煤结构的差异性，使得煤的着火温度也不同。由表 6-13三种煤样的气化燃烧特征指数可知，随煤化度的加深，着火温度 T_i 也在增加，SL、SH 和 BY 着火温度分别为 288.8℃、398.4℃和 427.5℃。由于挥发分含量越高，煤越容易被点燃，结合表 6-2工业分析数据分析，随着煤阶的增加，SL、SH 和 BY 的挥发分依次降低，故着火温度 $T_{i,SL}<T_{i,SH}<T_{i,BY}$。由可燃指数 C 知，随煤阶增加，C 减小，SL、SH 和 BY 可燃指数 C 分别为 $4.90\times10^{-5}\%\cdot min^{-1}\cdot℃^{-2}$、$2.76\times10^{-5}\%\cdot min^{-1}\cdot℃^{-2}$ 和 $2.0\times10^{-5}\%\cdot min^{-1}\cdot℃^{-2}$，因此 SL、SH 和 BY 的可燃性依次降低。

谢克昌[27] 根据煤阶的不同，认为泥炭、木炭、褐煤、烟煤、无烟煤的反应活性次序递减。这是因为，随着煤阶的增加，煤中的苯环结构单元变大，芳构化程度较高，煤体孔隙率较低，煤燃烧需要析出的易着火的挥发分气体较少，导致煤的各种燃烧特征温度提高，不易燃烧。由图 6-8（c）可知，SL 的 DTG 曲线在最大燃烧速率峰前出现了一个肩峰，这是因为 SL 挥发分燃烧放出的热量不足以引起碳质的燃烧，只有当温度继续升高才能够引起碳质的燃烧。

表 6-13　不同煤阶煤（SL、SH 和 BY）气化特征参数

煤样	T_i/℃	T_{max}/℃	$(dw/dt)_{max}$ /%·min^{-1}	T_f/℃	$C/(\%\cdot min^{-1}\cdot ℃^{-2})$
SL	288.8	459.5	4.09	543.8	$4.90×10^{-5}$
SH	398.4	490.0	4.38	632.7	$2.76×10^{-5}$
BY	427.5	505.1	3.65	617.1	$2.00×10^{-5}$

6.3.2　空气气氛下煤阶对气化动力学影响

利用 Achar 微分法和 C-R 积分法相结合的方法求得不同煤阶煤的气化动力学，计算结果见表 6-14。

表 6-14　不同煤阶煤（SL、SH 和 BY）气化动力学参数

煤样	函数	Achar 微分法			C-R 积分法		
		E /kJ·mol^{-1}	A/s^{-1}	R^2	E /kJ·mol^{-1}	A/s^{-1}	R^2
SL	F1	44.45	1.72E+02	0.9970	49.87	3.78E+02	0.9978
	F1.5	53.28	1.05E+03	0.9934	54.43	1.05E+03	0.9995
	F2	62.10	6.42E+03	0.9878	6.79	9.60E-02	0.6197
	F3	79.75	4.78E+05	0.9764	24.34	1.26E+01	0.8311

煤样	函数	Achar 微分法			C-R 积分法		
		E /kJ・mol^{-1}	A/s^{-1}	R^2	E /kJ・mol^{-1}	A/s^{-1}	R^2
SL	R2	35. 63	1. 41E+01	0. 9930	45. 61	7. 20E+01	0. 9939
	R3	38. 55	1. 72E+01	0. 9958	47. 00	6. 58E+01	0. 9955
	D1	79. 22	3. 35E+04	0. 9862	94. 05	4. 75E+05	0. 9908
	D2	87. 46	9. 11E+04	0. 9836	99. 04	7. 03E+05	0. 9741
	D3	96. 28	1. 24E+05	0. 9679	104. 77	5. 33E+05	0. 9667
	D4	90. 46	3. 75E+04	0. 9754	101. 03	2. 38E+05	0. 9651
SH	F1	53. 27	3. 51E+02	0. 9870	61. 36	9. 61E+02	0. 9982
	F1. 5	85. 24	5. 41E+04	0. 9934	78. 64	1. 83E+04	0. 9994
	F2	86. 53	1. 29E+05	0. 9872	20. 88	2. 23E+00	0. 7723
	F3	119. 80	9. 42E+07	0. 9708	54. 20	2. 13E+03	0. 8463
	R2	36. 64	9. 17E+00	0. 9267	53. 49	1. 03E+02	0. 9908
	R3	42. 18	1. 64E+01	0. 9588	56. 01	1. 13E+02	0. 9939
	D1	78. 80	7. 22E+03	0. 9230	105. 48	4. 53E+05	0. 9827
	D2	93. 67	5. 10E+04	0. 9636	114. 24	1. 18E+06	0. 9898
	D3	110. 51	2. 25E+05	0. 9870	124. 46	1. 75E+06	0. 9955
	D4	99. 42	3. 14E+04	0. 9740	117. 63	4. 92E+05	0. 9921
BY	F1	92. 32	9. 66E+04	0. 9944	116. 36	8. 14E+06	0. 9979
	F1. 5	120. 22	1. 03E+07	0. 9965	131. 09	1. 08E+08	0. 9997
	F2	148. 19	1. 11E+09	0. 9884	43. 20	1. 39E+02	0. 8249
	F3	204. 06	2. 57E+13	0. 9701	99. 08	3. 69E+06	0. 8594
	R2	64. 58	4. 64E+02	0. 9440	103. 15	3. 94E+05	0. 9912
	R3	73. 82	1. 46E+03	0. 9717	107. 39	5. 57E+05	0. 9940
	D1	140. 54	6. 38E+07	0. 9305	195. 14	7. 48E+11	0. 9824
	D2	165. 47	2. 09E+09	0. 9674	210. 27	5. 10E+12	0. 9891
	D3	193. 75	5. 28E+10	0. 9890	227. 44	2. 18E+13	0. 9748
	D4	175. 53	2. 50E+09	0. 9772	215. 96	3. 03E+12	0. 9913

从表 6-14 可知，根据 Bagchi 法，利用化学反应模型（F1 和 F1.5）可以较好地模拟三种煤 SL、SH 和 BY 在空气气氛下的气化反应，说明三种煤主反应区主要受化学反应控制。其中 F1 拟合 SL、SH 和 BY 的表观活化能分别为 $E_{SL} = 44.45 \sim 49.87 \text{kJ} \cdot \text{mol}^{-1}$，$E_{SH} = 53.27 \sim 61.36 \text{kJ} \cdot \text{mol}^{-1}$ 和 $E_{BY} = 92.32 \sim 116.36 \text{kJ} \cdot \text{mol}^{-1}$。F1.5 拟合三种煤样所计算的表观活化能分别为 $E_{SL} = 53.28 \sim 54.43 \text{kJ} \cdot \text{mol}^{-1}$，$E_{SH} = 78.64 \sim 85.24 \text{kJ} \cdot \text{mol}^{-1}$ 和 $E_{BY} = 120.22 \sim 131.09 \text{kJ} \cdot \text{mol}^{-1}$，相关系数均大于 0.98。

由煤样碳含量与气化表观活化能关系图（图 6-9）可知，随碳含量的增加，F1 和 F1.5 模型拟合 SL、SH 和 BY 的气化燃烧表观活化能明显升高，即三种煤所求得表观活化能的顺序为 $E_{SL} < E_{SH} < E_{BY}$，而相应的指前因子的顺序为 $A_{SL} < A_{SH} < A_{BY}$，这符合活化能和指前因子之间的补偿效应。由三种煤样的工业分析可知，随煤阶增加，煤中易燃烧的挥发分含量减少，难燃烧的固定碳含量增加。随着煤阶的增加，SL、SH 和 BY 的芳香性增大，供反应所需的缺陷位减少，因此，氧气分子更容易与具有较多烷基侧链、含氧官能团等活性基团的低阶煤碰撞接触发生反应，使得 SL、SH 和 BY 燃烧反应活性依次下降，燃烧所需活化能依次增加。与表 6-13 燃烧可燃指数 C 所得结论一致，即三种煤随煤阶增加，可燃性下降，所需活化能提高。

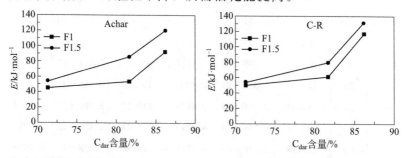

图 6-9　化学反应模型 F1 和 F1.5 热解活化能与碳含量的关系

6.3.3 氧气浓度对胜利褐煤气化特性影响

不同氧气浓度对煤样的气化具有很重要的影响，氧气浓度直接影响煤样的气化效率。氧气浓度的改变，会引起气化 TG-DTG 曲线的改变，使得着火温度和燃烬温度等气化燃烧特征参数发生变化。本节以锡林郭勒胜利褐煤 SL 为例，利用高纯氧气和高纯氮气配制混合气，按照氧气和氮气体积比分别配制 5∶95、10∶90、21∶79、30∶70、40∶60、60∶40 和 80∶20 等 7 种体积比的混合气体，考察氧气浓度对煤样气化特性的影响。

图 6-10 为不同氧氮浓度比条件下，以 $10℃ \cdot min^{-1}$ 的升温速率将煤样从室温升温到 900℃ 进行热分析的 TG 和 DTG 图，表 6-15 为气化特征参数。由图 6-10 和表 6-15 可知，随着氧氮比的增加，煤样的气化燃烧特性有如下变化：煤样的着火温度 T_i 和燃烬温度 T_f 均呈下降趋势，着火温度从 355.0℃ 降到 340.1℃、燃烬温度从 547.9℃ 降到 385.2℃，分别降低 14.9℃ 和 162.7℃。

表 6-15 不同 O_2 与 N_2 浓度比条件下 SL 的气化特征参数

$O_2∶N_2$	$T_i/℃$	$(dw/dt)_{max}$ $/\% \cdot min^{-1}$	$T_{max}/℃$	$T_f/℃$	$C/(\% \cdot min^{-1} \cdot ℃^{-2})$
5∶95	355.0	3.85	484.7	547.9	$0.31×10^{-4}$
10∶90	355.0	4.97	462.1	518.7	$0.39×10^{-4}$
21∶79	354.0	5.91	428.7	488.5	$0.47×10^{-4}$
30∶70	352.5	15.80	370.6	424.0	$1.27×10^{-4}$
40∶60	344.1	31.94	368.2	408.0	$2.70×10^{-4}$
60∶40	344.0	35.94	367.6	386.7	$3.04×10^{-4}$
80∶20	340.1	45.25	368.3	385.2	$3.91×10^{-4}$

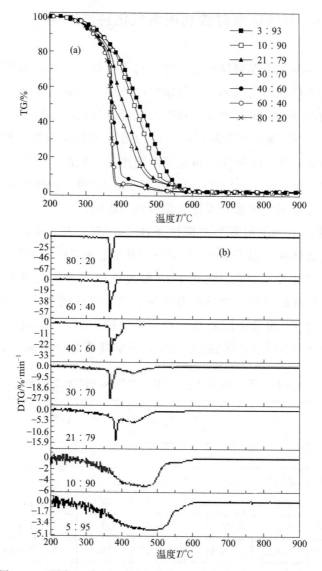

图 6-10　不同 O_2 与 N_2 浓度比条件下 SL 气化的 TG 和 DTG 图

a—TG 曲线；b—DTG 曲线

褐煤催化气化性能及机理研究——以胜利褐煤为例

T_f 的下降幅度较 T_i 更大，当氧氮比超过 40∶60 时，这种趋势变缓。刘彦丰等[28] 对煤焦在氧气浓度分别为 20％、30％、50％、100％，升温速率为 12.5℃ · min^{-1} 下也得到随着氧浓度的增加，着火温度提前，燃烧时间缩短的结论；樊越胜等[29] 考察了神木原煤在氧气浓度为 15％、20％、30％、40％、60％ 和 100％，升温速率为 10℃ · min^{-1} 条件下的气化燃烧实验，也得到相同的结论；此外，魏砾宏[25] 也有相同的结论。

6.3.4 不同氧气浓度胜利褐煤气化动力学

利用 Achar 微分法和 C-R 积分法结合的方法求得不同氧气浓度下 SL 主燃区（即气化燃烧第三阶段）气化动力学，计算结果见表 6-16。

表 6-16 SL 不同 O_2∶N_2 比条件下气化动力学参数

O_2∶N_2	函数	Achar 微分法			C-R 积分法		
		E /kJ · mol^{-1}	A/s^{-1}	R^2	E /kJ · mol^{-1}	A/s^{-1}	R^2
5∶95	**F1**	**52.11**	**9.97E+02**	**0.9877**	**53.36**	**6.02E+02**	**0.9996**
	F1.5	71.54	3.66E+04	0.9840	63.77	4.93E+03	0.9692
	F2	91.23	1.41E+06	0.9802	27.35	1.25E+01	0.9216
	F3	130.62	4.18E+09	0.9750	66.51	4.36E+04	0.9441
	R2	32.14	1.24E+01	0.9752	44.08	4.43E+01	0.9964
	R3	38.71	2.78E+01	0.9785	47.05	5.48E+01	0.9979
	D1	59.80	1.64E+03	0.9794	83.63	4.96E+04	0.9915
	D2	77.64	2.26E+04	0.9935	93.87	1.90E+05	0.9956
	D3	97.59	2.02E+05	0.9980	105.93	4.47E+05	0.9485
	D4	84.46	1.77E+04	0.9960	97.87	9.24E+04	0.9469

O_2：N_2	函数	Achar 微分法			C-R 积分法		
		E /kJ·mol^{-1}	A/s^{-1}	R^2	E /kJ·mol^{-1}	A/s^{-1}	R^2
10：90	**F1**	**68.95**	**2.48E＋04**	**0.9834**	**62.84**	**4.45E＋03**	**0.9996**
	F1.5	131.10	1.97E＋09	0.9762	79.55	1.16E＋05	0.9968
	F2	104.54	1.46E＋07	0.9827	49.78	1.16E＋03	0.9496
	F3	193.25	3.14E＋14	0.9729	114.01	3.01E＋08	0.9576
	R2	37.81	4.34E＋01	0.9891	48.47	1.25E＋02	0.9989
	R3	48.35	1.96E＋02	0.9876	53.00	2.09E＋02	0.9597
	D1	55.40	1.16E＋03	0.9841	84.68	8.49E＋04	0.9942
	D2	81.46	6.83E＋04	0.9978	99.48	7.60E＋05	0.9979
	D3	113.16	4.78E＋06	0.9481	117.93	5.79E＋06	0.9998
	D4	92.40	1.10E＋05	0.9489	105.57	5.45E＋05	0.9988
21：79	**F1**	**58.63**	**4.64E＋03**	**0.9919**	**68.71**	**1.88E＋04**	**0.9924**
	F1.5	**61.98**	**9.54E＋03**	**0.9914**	**70.46**	**2.81E＋04**	**0.9934**
	F2	66.24	2.33E＋04	0.8071	−3.03	—	0.8449
	F3	73.48	2.20E＋05	0.8454	3.89	3.46E-02	0.6632
	R2	53.58	8.06E＋02	0.9848	67.00	6.34E＋03	0.9912
	R3	48.59	2.03E＋02	0.9854	67.56	4.82E＋03	0.9916
	D1	130.66	1.24E＋09	0.9414	140.58	5.39E＋09	0.9915
	D2	130.14	5.95E＋08	0.9458	142.80	4.42E＋09	0.9922
	D3	135.91	4.42E＋08	0.9366	145.08	1.63E＋09	0.9929
	D4	136.00	4.40E＋08	0.9154	143.56	1.16E＋09	0.9924
30：70	**F1**	**66.78**	**1.86E＋04**	**0.9869**	**65.18**	**7.10E＋03**	**0.9995**
	F1.5	95.43	3.62E＋06	0.9693	80.50	1.46E＋05	0.9968
	F2	124.08	7.04E＋08	0.9643	45.55	5.59E＋02	0.9161
	F3	175.53	1.93E＋13	0.9622	97.70	1.85E＋07	0.9392
	R2	38.12	4.80E＋01	0.9864	51.85	2.42E＋02	0.9964
	R3	47.65	1.84E＋02	0.9833	56.05	3.79E＋02	0.9982

O₂ : N₂	函数	Achar 微分法			C-R 积分法		
		E /kJ·mol⁻¹	A/s^{-1}	R^2	E /kJ·mol⁻¹	A/s^{-1}	R^2
30 : 70	D1	60.95	3.04E+03	0.9763	92.88	3.78E+05	0.9887
	D2	86.37	1.65E+05	0.9756	106.76	2.88E+06	0.9947
	D3	115.44	7.64E+06	0.9079	123.86	1.74E+07	0.9987
	D4	96.12	2.20E+05	0.9581	112.41	1.91E+06	0.9965
40 : 60	F1	60.51	8.85E+03	0.9125	62.68	6.94E+03	0.9990
	F1.5	62.24	1.33E+04	0.9387	64.98	1.18E+04	0.9992
	F2	66.98	3.63E+04	0.8768	−0.70	—	0.1803
	F3	76.65	5.71E+05	0.8986	8.62	2.09E-01	0.8866
	R2	50.90	6.27E+02	0.9408	60.32	2.02E+03	0.9987
	R3	54.97	9.27E+02	0.9590	60.99	1.57E+03	0.9988
	D1	**116.68**	**1.30E+08**	**0.9995**	**126.17**	**4.82E+08**	**0.9985**
	D2	122.36	2.16E+08	0.9489	129.13	4.65E+08	0.9988
	D3	128.92	1.92E+08	0.9280	132.19	2.04E+08	0.9990
	D4	123.71	6.43E+07	0.9091	130.15	1.30E+08	0.9989
60 : 40	F1	44.02	1.64E+02	0.9568	67.42	1.91E+04	0.9900
	F1.5	47.91	3.85E+02	0.9347	69.52	3.10E+04	0.9912
	F2	50.02	6.19E+02	0.6389	−1.59	—	0.6858
	F3	58.76	8.08E+03	0.7064	6.73	1.12E-01	0.8969
	R2	49.19	2.13E+02	0.9834	65.36	5.94E+03	0.9887
	R3	48.26	1.20E+02	0.9847	66.04	4.63E+03	0.9891
	D1	**116.99**	**6.80E+07**	**0.9965**	**136.61**	**4.13E+09**	**0.9892**
	D2	116.21	3.17E+07	0.9377	139.27	3.74E+09	0.9895
	D3	116.96	8.81E+06	0.9458	142.01	1.53E+09	0.9907
	D4	118.93	1.24E+07	0.9575	140.18	1.02E+09	0.9702
80 : 20	F1	39.34	1.30E+02	0.9827	65.72	1.35E+04	0.9929
	F1.5	49.53	1.08E+03	0.9749	67.98	2.27E+04	0.9940

$O_2 : N_2$	函数	Achar 微分法			C-R 积分法		
		E /kJ·mol^{-1}	A/s^{-1}	R^2	E /kJ·mol^{-1}	A/s^{-1}	R^2
80:20	F2	54.11	2.92E+03	0.7977	-0.76	—	0.2864
	F3	63.72	4.55E+04	0.8369	8.47	2.00E-01	0.9196
	R2	44.36	1.65E+02	0.9810	63.36	3.93E+03	0.9917
	R3	35.84	2.06E+01	0.9876	64.11	3.12E+03	0.9922
	D1	107.85	2.35E+07	0.9381	132.25	1.73E+09	0.9919
	D2	114.53	4.80E+07	0.9576	135.19	1.67E+09	0.9927
	D3	**118.00**	**2.28E+07**	**0.9974**	**138.22**	**7.25E+08**	**0.9934**
	D4	115.68	1.37E+07	0.9679	136.04	4.49E+08	0.9930

从表 6-16 可知, 根据 Bagchi 法, 利用化学反应模型 F1 可以较好地模拟 SL 在氧氮浓度比为 5:95、10:90 和 30:70 条件下的气化过程, F1 和 F1.5 模型可以很好地模拟氧氮比为 21:79 条件下 SL 的气化反应。四种氧氮比所得 SL 燃烧的表观活化能相差不大, 在 52.11～70.46kJ·mol^{-1} 范围内, 拟合相关系数均大于 0.98。当氧氮比增大时, 利用扩散模型可以较好地模拟 SL 燃烧过程。D1 模型较好地拟合氧氮比为 40:60 和 60:40 条件下 SL 的燃烧, D3 模型较好地拟合氧氮比为 80:20 条件下 SL 的气化反应。由 D1 和 D3 模型拟合三种氧氮比所得气化燃烧表观活化能相差不大, 在 116.68～138.22kJ·mol^{-1} 范围。说明氧气浓度较低的气化反应受化学反应控制, 当氧气浓度增大时, 反应受扩散控制。

把氧氮比为 5:95～30:70 认为是低氧浓度, 而氧氮比为 40:60～80:20 可以看作富氧浓度。当 SL 气化条件从低氧浓度提高到富氧浓度时, 反应表观活化能从约 52.11～70.46kJ·mol^{-1} 增加到约 116.68～138.22kJ·mol^{-1}, 增大几乎一倍。可能的原因是，煤样从低氧气化过渡到富氧燃烧时，着火点提前。煤粒在着火后开始燃烧，放出热量，随着时间的进行，放热量增大，加速了温度的升高，煤粒和氧气燃烧界面剧烈反应，燃烧界面的反应物迅速燃烧生成产物并扩散出去，此时煤样中只有能量更高的分子能够及时到达反应界面并发生燃烧反应，形成活化分子，造成煤粒燃烧的表观活化能增加。活化能越大的反应，对温度越敏感，燃烧反应越迅速，随着氧气浓度的增加，指前因子也随之增大，这说明煤粒燃烧的反应速率增大。

6.3.5 胜利褐煤热解焦气化反应动力学

利用热重分析仪考察不同热解终温胜利褐煤焦在空气气氛下的气化特性，图 6-11 为气化 TG 和 DTG 曲线。利用 Achar 微分法和 C-R 积分法相结合的方法求得煤焦主反应区（即气化第三阶段）的气化动力学参数。鉴于前文分析，化学反应模型 F1 和 F1.5 可较好地模拟煤样的气化反应，本节分别利用这两种模型拟合胜利褐煤制焦温度分别为 650℃、850℃ 和 1050℃ 时的热解焦的气化动力学，分别记作 SLC-650、SLC-850 和 SLC-1050，结果见表 6-17。

由表 6-17 可知，根据 Bagchi 法，F1 和 F1.5 可以较好地拟合胜利褐煤焦气化反应，拟合相关系数均大于 0.98。采用 Achar 微分法和 C-R 积分法拟合 SLC-650 所得气化表观活化能最低，随炼焦温度提高，活化能升高。SLC-650 芳香性较低，具有最多的供反应所需的缺陷位，因此 SLC-650 气化反应性较好，所需活化能最低。随炼焦温度提高，煤焦中的无定型碳结构逐步趋于芳香化，晶格有序度升高，使反应活性下降，因此活化能升高。

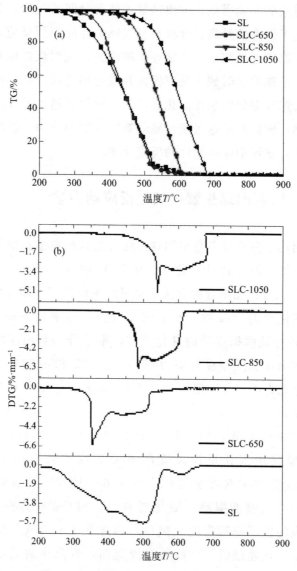

图 6-11　胜利褐煤焦燃烧 TG 和 TG 曲线
a—TG 曲线；b—DTG 曲线

褐煤催化气化性能及机理研究——以胜利褐煤为例

表 6-17　F1 和 F1.5 模型拟合胜利褐煤焦燃烧动力学参数

煤焦	函数	Achar 微分法			C-R 积分法		
		E /kJ · mol^{-1}	A/s^{-1}	R^2	E /kJ · mol^{-1}	A/s^{-1}	R^2
SL	F1	44.45	1.72E+02	0.9970	49.87	3.78E+02	0.9978
SLC-650	F1	31.55	1.07E+01	0.9807	30.04	7.08E+00	0.9993
SLC-850	F1	88.50	2.43E+04	0.9975	95.95	1.96E+05	0.9999
SLC-1050	F1	90.00	1.07E+04	0.9990	100.79	1.26E+05	0.9993
SL	F1.5	53.28	1.05E+03	0.9934	54.43	1.05E+03	0.9995
SLC-650	F1.5	43.89	1.22E+02	0.9831	38.35	4.32E+01	0.9996
SLC-850	F1.5	127.57	3.22E+07	0.9975	120.69	1.17E+07	0.9998
SLC-1050	F1.5	128.41	9.08E+06	0.9967	125.32	5.61E+06	0.9999

6.3.6　胜利褐煤固有矿物质对气化动力学的影响

在空气气氛下利用热重分析仪考察胜利褐煤固有矿物质对其气化特性的影响，图 6-12 是胜利原煤 SL 和盐酸洗煤 SL$^+$ 气化的 TG 和 DTG 曲线图。

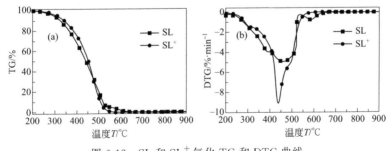

图 6-12　SL 和 SL$^+$ 气化 TG 和 DTG 曲线
a—TG 曲线；b—DTG 曲线

利用 Achar 微分法和 C-R 积分法中的化学反应模型 F1 和 F1.5 计算煤样主反应（即气化反应第三阶段）的气化动力学参数，结果见表 6-18。

表 6-18　SL 和 SL⁺ 气化动力学参数

煤样	函数	Achar 微分法			C-R 积分法		
		E/kJ·mol^{-1}	A/s^{-1}	R^2	E/kJ·mol^{-1}	A/s^{-1}	R^2
SL	F1	44.45	1.72E+02	0.997	49.87	3.78E+02	0.9978
SL⁺	F1	43.01	4.02E+02	0.9943	44.61	9.68E+01	0.9995
SL	F1.5	53.28	1.05E+03	0.9934	54.43	1.05E+03	0.9995
SL⁺	F1.5	48.97	1.11E+03	0.9937	47.2	1.74E+02	0.9997

从表 6-18 可知，根据 Bagchi 法，当使用 F1 模型拟合时，Achar 微分法计算 SL⁺ 和 SL 所得气化表观活化能分别为 43.01kJ·mol^{-1} 和 44.45kJ·mol^{-1}，而 C-R 积分法计算值分别为 44.61kJ·mol^{-1} 和 49.87kJ·mol^{-1}。使用 F1.5 模型拟合时，Achar 微分法计算 SL⁺ 和 SL 所得气化表观活化能分别为 48.97kJ·mol^{-1} 和 53.28kJ·mol^{-1}，C-R 积分法计算值分别为 47.20kJ·mol^{-1} 和 54.43kJ·mol^{-1}，相关系数均大于 0.98。说明利用化学反应模型 F1 和 F1.5 可以很好地模拟 SL⁺ 和 SL 的气化反应，利用 Achar 微分法和 C-R 积分法分别求得的 SL⁺ 的活化能均比对应的 SL 活化能低，也就是说盐酸洗煤脱矿物质后，气化反应活性提高，反应活化能下降，同时表明胜利褐煤固有矿物质对其气化反应起到阻碍作用。

参考文献

[1] 孙庆雷，李文，李保庆. 神木煤热解的挥发分收率与岩相组成的关系 [J]. 化工学报，2003，54（2）：269-272.

[2] 朱廷钰，肖云汉，王洋. 煤热解过程气体停留时间的影响 [J]. 燃烧科学与技术，2001，7（3）：307-310.

[3] Strugnella B，Patrickb J W. Rapid hydropyrolysis studies on coal and macer-

al concentrates [J]. Fuel & Energy，1996，37（3）：183.

[4] Cai H Y，Megaritis A，Messenböck R，et al. Pyrolysis of coal maceral concentrates under pf-combustion conditions（I）：changes in volatile release and char combustibility as a function of rank [J]. Fuel，1998，77（12）：1273-1282.

[5] Liu S，Chen M，Hu Q，et al. The kinetics model and pyrolysis behavior of the aqueous fraction of bio-oil. [J]. Bioresource Technology，2013，129（2）：381-386.

[6] Coats，A. W.，Redfern，J. P. Kinetic parameters from thermogravimetric data [J]. Nature，1964，201：68-69.

[7] 胡荣祖. 热分析动力学 [M]. 北京：科学出版社，2001.

[8] Ma J，Shao F，Shi J，et al. Experimental research on spontaneous combustion tendency of high volatile blended coals [J]. Engineering，2013，05（3）：309-315.

[9] 赵宏彬. 陕北府谷煤热解行为研究 [D]. 西安：西北大学，2012.

[10] Anthony D B，Howard J B. Coal devolatilization and hydrogastification [J]. Aiche Journal，1976，22（4）：625-656.

[11] 钱卫，孙凯蒂，解强，等. 低阶烟煤热解特征指数的解析与应用 [J]. 中国矿业大学学报，2012，41（2）：256-261.

[12] 郭崇涛. 煤化学 [M]. 北京：化学工业出版社，1999，82-83.

[13] 梁鼎成，解强，党钾涛，等. 不同煤阶煤中温热解半焦微观结构及形貌研究 [J]. 中国矿业大学学报，2016，45（4）：799-806.

[14] 赵丽红. 煤热解与气化反应性的研究 [D]. 太原：太原理工大学，2007.

[15] 吕太，张翠珍，吴超. 粒径和升温速率对煤热分解影响的研究 [J]. 煤炭转化，2005，28（1）：17-20.

[16] 骆艳华，崔平，胡润桥. 义马煤的热解及产物分布的研究 [J]. 安徽工业大学学报：自然科学版，2006，23（2）：160-162.

[17] 徐建国，魏兆龙. 用热分析法研究煤的热解特性 [J]. 燃烧科学与技术，1999，32（2）：175-179.

[18] 周华，王强，陈志雄，等. 神华煤热解特性与非等温动力学研究 [J]. 煤化工，2010，38（2）：27-31.

［19］赵云鹏. 西部弱还原性煤热解特性研究［D］. 大连：大连理工大学，2010.

［20］姜建勋. 金属化合物催化煤燃烧规律的实验研究［D］. 长沙：长沙理工大学，2010.

［21］Ahmad T，Awan I A，Nisar J，et al. Influence of inherent minerals and pyrolysis temperature on the yield of pyrolysates of some Pakistani coals［J］. Energy Conversion & Management，2009，50（5）：1163-1171.

［22］Otake Y，Jr P L W. Pyrolysis of demineralized and metal cation loaded lignites［J］. Fuel，1993，72（2）：139-149.

［23］张军，袁建伟，徐益谦. 矿物质对煤粉热解的影响［J］. 燃烧科学与技术，1998（1）：63-68.

［24］Benfell K E，Beamish B B，Rodgers K A. Thermogravimetric analytical procedures for characterizing New Zealand and Eastern Australian coals［J］. Thermochimica Acta，1996，286（286）：67-74.

［25］Wang Y，Liu Q，Li N，et al. Reaction characteristics and kinetics of the low-temperature oxidation and weight gain of coal［J］. Energy Sources Part A Recovery Utilization and Environmental Effects，2020：1-17.

［26］魏砾宏. 超细煤粉燃烧机理研究［D］. 哈尔滨：哈尔滨工业大学，2007.

［27］谢克昌. 煤的结构与反应性［M］. 北京：科学出版社，2002.4：86-254.

［28］刘彦丰，方立军，李永华，等. 变氧浓度下煤焦燃烧的实验与模拟［C］. 中国工程热物理学会燃烧学学术会议. 2001.

［29］樊越胜，邹峥，高巨宝，等. 富氧气氛中煤粉燃烧特性改善的实验研究［J］. 西安交通大学学报，2006，40（1）：18-21.

第 7 章

褐煤催化气化
结论与展望

在煤炭利用过程中，气化技术是一种效率较高，污染较少，并能实现能源综合利用的途径。而现有的气化技术普遍存在着反应温度高、停留时间长等问题，由此衍生出对设备要求高、能耗大、产气净化难等技术和效益难题，而催化气化（"温和"气化）则能实现在添加催化剂后使反应速率加快、反应温度降低，同时实现煤的定向气化，提高煤气化产品的选择性。煤的催化气化反应实际是涉及多个相态的多相反应，反应体系复杂，添加不同的催化剂在反应速率、反应温度和生成气体成分等方面均有较大的差异。因此，揭示催化气化反应机理就显得尤为重要，这不仅有利于揭示气化反应历程，找出合适的反应条件、生产工艺以达到生产和运用所需的目的，而且更有益于新型催化剂的开发。

本书以胜利褐煤为例，采用固定床反应器对实验样品进行水蒸气气化反应。探讨了煤焦中固有矿物质对胜利褐煤水蒸气气化催化的关键原因，着重分析了钙组分作用下胜利褐煤热演变特性以及钙催化结构体的形成与催化水蒸气气化制高氢合成气的机理，同时采用热重分析法，从煤样气化失重方面讨论气化反应机理，重点考察煤阶、矿物质、反应速率、气氛浓度等影响因素对褐煤催化气化的影响。具体工作分为三个部分：

① 以胜利原煤为研究对象进行先炼焦再酸洗，考察在热解过程中活性矿物质与煤形成的结构体结构及其对水蒸气气化性能的影响规律，分析确定固有矿物质成分对水蒸气气化起关键催化作用的组分及其结构特性；

② 脱矿胜利褐煤进行不同终温热解得到半焦，对其添加钙组分，考察钙对不同结构半焦水蒸气气化的影响，分析胜利褐煤中与钙协同催化气化的关键有机组分；

③ 利用石墨氧化物为胜利褐煤的模型化合物，分析其本身及添钙后水蒸气气化过程中组成结构转化特性与钙的催化效应，类比验证胜利褐煤 "M-matrix complxes" 结构形态与转化特性，

分析与揭示其催化机理，建立催化气化机理模型，分析其气化失重反应动力学。

在气化反应速度满足工业运行需要的条件下，气化反应温度越低越好，但由于褐煤中难反应惰性成分的存在，特别是反应过程中所形成的炭黑等难反应组成结构，造成只有通过提高反应温度才能确保气化反应速率与转化率，即形成难反应的固体结构是气化反应过程的控制步骤。因而降低气化反应温度、提高气化反应速率的关键，一是提高煤中固有难反应结构物质的反应性，二是抑制反应过程中难反应结构物质的生成。添加催化剂是降低褐煤气化反应温度、提高其气化反应速率的最有效途径，其作用为：提高难反应结构物质的反应性、降低所形成固体物质热稳定性。

无论是"氧传递机理"还是"电子传递催化机理"，基于煤中碳元素所占比例很大，均是将煤作为简单碳元素处理，即只是从碳元素角度来解析其催化机理。随着研究的不断深入，研究者们逐渐认识到，对于碳含量极高的无烟煤及高变质烟煤，这样的处理还不至于造成太大的偏差，但对于褐煤，因其除了碳元素外，还含较多的 O、H、N 和 S 等元素，这些元素的存在，使褐煤的组成结构与特性发生根本性的改变，因而 Ca 催化褐煤气化的反应机理不能仅仅将褐煤看作简单的碳元素进行研究。钙组分与煤中的含氧有机质形成"Ca-organic"，这种"Ca-organic"的形成及其在热反应过程中的转化，造成 Ca 对褐煤气化反应的催化作用可能来自两个方面：一是"Ca-organic"为催化活性中心，其既可活化水分子，也可在水分子作用下活化煤中的有机组分，从而提高气化反应性；二是在 Ca 作用下，煤焦化过程整体形成"Ca-organic"结构，这种结构热稳定性差，反应性高，因而提高了褐煤的气化反应性。

随着我国能源需求缺口的日益扩大以及生态环境愈发脆弱，

褐煤催化气化性能及机理研究——以胜利褐煤为例

褐煤等低阶煤炭资源的利用是无法回避的问题，如何使原本难以利用的低阶褐煤得到高效利用并在利用过程中有效控制污染物的排放量，关系到我国的能源安全与环境保护。褐煤提质—热解—气化分级转化利用作为高效洁净煤技术之一，同时也是褐煤资源化利用的最佳方式，现已成为基础研究和工业应用技术开发的热点。

　　本书研究结果可以为胜利褐煤催化气化工业化开发提供基础数据与技术支持，也可为其他煤种的催化气化研究提供理论支撑。